中国风景园林学会规划设计委员会
中国风景园林学会信息委员会　编
中国勘察设计协会园林设计分会

Landscape
Architects

风景园林师 **14**

中国风景园林规划设计集

U0264507

中国建筑工业出版社

风景园林师

风景园林师
三项全国活动

●举办交流年会
（1）交流规划设计作品与信息
（2）展现行业发展动态
（3）综观市场结构变化
（4）凝聚业界厉炼内功

●推动主题论坛
（1）行业热点研讨
（2）项目实例论证
（3）发展新题探索

●编辑精品专著
（1）举荐新优成果与创作实践
（2）推出真善美景和情趣乐园
（3）促进风景园林绿地景观协同发展
（4）激发业界的自强创新活力

●咨询与联系
联系电话：010-58337201
电子邮箱：dujie725@gmail.com

编 委 会 名 单

山水诗意栖居环境（代序）

今天我发言的题目是"山水诗意栖居环境"。因为作为题目字数不能太多，全面讲应该是"文人写意，自然山水诗意栖居环境"。人居艺境是吴良镛院士提出来的新学科。之前，吴先生在北京美术馆举办了一个书法绘画建筑的活动，在这个活动上他提了几个字——人居艺境。我觉得我们学科要创造一个模式的山水诗意栖居环境。栖居和人居有什么区别呢，陶渊明在给一个朋友的信里说了一句话，"聊得从君栖"，意思就是很高兴地跟你待在一块，这个栖居的"栖"代表栖息、栖居。所以人不仅栖居，还要活动，特别是休息、游息。

对于我们学科，我同意钱学森先生的观点，这是一门科学的艺术，他的本质是文化。什么叫做文化，就是人文化天下。总的来讲文科是个大分类，但是必须文理交融，就是学理科的必须学文科，不然他没办法发表论文。那么中国的文学有它自己的特色，它的境界是讲究"物我交融"，也就是中华民族的宇宙观"天人合一"的体现，它的主要手段和理法是"比兴"，也就是它想表达甲，但它用乙作比喻来引出甲，"兴"就是用比喻来叙事。学习方法就是"读万卷书，行万里路"。读万卷书是传承历史前辈的成就，行万里路是自己投入自然、投入生活，从自然和社会生活中感悟。这是中国文学的一个特色，而我们学科与文学有千丝万缕的联系，我们说"文借景生，景借文传"。写文章怎么写，不是关在屋里写，而是走万里路看风景和观察社会，看到好风景感悟了就写，这是"文借景生"。"景借文传"就有如大家并不是都到过桂林，但听韩愈的诗——"水作青罗带，山如碧玉簪"，你听了以后感动了，为什么，因为这种文学言简意赅，生动易领会，而且具有文字的美。咱们去过桂林的就知道。我们现在用现代的观点来分析风景，总是讲它的质地，它的形体，它的色彩，那么韩愈这个诗，每一个字代表一个因素。水作青罗带，"青"就是它的色彩，"罗"是它的质地，"带"是它的形体，而且把自然人化了，"山如碧玉簪"也是一样的道理，把形体色彩融入其中，这就是文学的感染力。所以我们在进行城镇化建设，在投入中国梦的过程中，一定要结合中国的特色，那我们的特色是什么呢，就是"景借文传"。我们现在去看古代的园子，到处都是额题、对联、木刻、石刻，这些都是我们设计者和游览者交流的平台，国外的园林没有这种可以跟游人交流的平台，设计出来的山水、建筑、树木都不会说

话，不会与游人交流，但是我们中国园林通过以上这些文学手段可以跟游人交流，甚至也可以作为我们科学研究的基础。有些园林它的景已经不存在了，比如万秀山庄，有个泉，已经干涸了，但是石头上刻有两个字——"飞雪"，根据"飞雪"这两字就可以揣摩当时这个泉的形象，既然是"飞雪"，它出水的流速是很快的，把水变成白色的水珠喷出来，这才叫"飞雪"。所以很多古迹已经不存在了，但是有此景名可以激发我们对原迹和园林历史的研究。

山水不仅是自然物，而且在中国来讲它有特殊意义，中国的版图60%以上是山，世界的屋脊在中国，所以在上古的时候高山的雪化了之后没有水道运行，就形成水灾，而大禹通过疏浚，将水导向海里面，"水流千周归大海"，就把这个问题解决了。而在疏浚的时候把这个疏浚的土堆成了土山，叫做九州山。那么人爬到山上，因为居高就不至于被淹死，这种思想和生活斗争，提高到哲学上就叫做"仁者乐山"，这个山是可以救命的，所以古代的园子里所有的山都叫做万寿山。我们古代的堆山并不是从周代开始的，而是从大禹治水的时候开始，并形成"仁者乐山"的哲学概念。所以到后来，唯我们中国用山河作为国土的代称，岳飞收复失地就是"还我河山"，我们国家就可以称作"锦绣江山"，只有在我们中国才有这种社会的特殊性，所以美学家李泽厚先生，从美学角度把我们中国的园林总结为"人的自然化和自然的人化"，这是我们的特色，而且这个特色是贯穿到祖国大地各个民族、各个地方。

我下面想举些实际的例子来说明"景借文传"。比如我们峨眉山风景区的山路，有两条水流向，一条从西边来，一条从东边来，下来以后交汇，交汇的地方有一块石头，两条水流共同冲击这块石头，这是一种自然的资源，是种自然美。但是通过我们前辈风景园林设计家的设计，就使自然风景成为一个风景名胜，名胜就是人文，风景名胜就是中国风景区的特色。凡风景必名胜，那风景是怎么加工的呢，首先将西、北两边来的水改个名称，因为我们国家讲究道家易学、讲究八卦、讲究四方，而且把生物、方位甚至音乐都概括进去，所以我们西边既可以称西，也可以称白虎。北边是玄武，玄武是黑的，所以他把这两条水的名字改成黑白二水，这样听起来就比西北要拐个弯。这二水冲击的石头叫牛心石，水撞

击石头产生巨大的响声。为什么叫"黑白二水洗牛心"呢，因为在我们传统里，牛是最不会欣赏音乐的，常说对牛弹琴，所以这个借景是很有基础的。什么基础呢，就是情理之中，对牛弹琴是一般的情理，但是"黑白二水洗牛心"是意料之外，这样做风景区就带有诗意，带有文艺，而且带着一种感染、教育，所以我觉得这种风景是寓教于景。

峨眉山和青城山都有栈道，但是青城山是一个道教的山，所以它的栈道叫做"掷笔槽"，就是张天师把笔掷下来打出一个槽子，所以这样，一个名字就能体现一个山是道家的，是宣传道学的。同样的山，它可以宣传佛教，到昆明去的时候，有个山叫做圆通山，山下有个圆通寺借圆通山为屏障，而且山下有洞，洞里有水流出来，流到放生池。圆通寺后面这个峭壁有30多米宽、20多米高，因为它坐北向南，早上朝霞照射，晚上晚霞裹金，加之年代已久，一流水，岩面五彩斑驳，就这么一个自然风景，它没有被加工，只是单纯的自然美。但是我们的前辈却能将社会美融于自然美。而形成一种风景艺术的美。我们讲诗意和诗，但是我们园林中的意境不是一首完整的诗，只是诗意。咱们中国的文学还有一个特点，就是"缠绵、缠绵再缠绵最后也不得一语道破"。我举个实际的例子，有诗曰"松下问童子，言师采药去，只在此山中，云深不知处"。人家找他师傅，他说师傅到山里采药去了，肯定是在此山中，但是具体在哪不知道，留有一个耐人寻味的余味，不是开门见山地都把话讲出来。所以，圆通山这个山壁就是很好的例子，我们都能借景，但我认为借景的最高境界就是"臆绝灵奇"。圆通山的山壁取了个什么名字呢，就是"衲霞屏"，"衲"这个字很有佛教的特色，和尚的衣服不用去买，要东家讨一块布，西家讨一块布，把这些布拼起来去做衣服，所以这个"衲霞屏"的"衲"既反映风景又反映佛教的特色，衲什么呢，衲晚霞、朝霞斑驳的色彩。"屏"就是圆通寺借圆通山为屏蔽，把北边的风沙都挡住。这三个字体现了圆通寺的相地选址和它的自然风景的美丽所在，所以我觉得这些名字都有深厚的文学基础。

我们看阳朔岩溶景观，有个月亮山，什么叫月亮山呢，就是后面的山有个大圆洞，前面的山把后面的山挡住了，从山下看的时候似月亏，慢慢地上山，视点随增高而渐变为满月，看到的景象就跟月圆一样。设计者没有加工，利用自然景观修了条路，就可以把月亮亏盈的变化展示出来。阳朔还有一个水月洞，怎么欣赏这个水月洞呢，就有一副对联，"水流月不去，月去水还流"，意思是水流不会把月亮流走，但是月亮没有了水却还在流，这就是诗意。它不是一个完整的诗，用多少字都可以概括，犹如我们留园的"浣云沼"，本身中国把石头叫做云根，但是它这个水池也可以反映天上的云，"清风徐来，水波不兴"，就好像云在水中。这些名字都是一种诗意，然后这个设计是按题行文，按诗意来做，这里面充分体现了一种自然的人化。广东东莞有一个可园，里面就有一个景点叫做"问花小院"，意思是主人有什么事他

就问花应该怎样做。一些赏石头的、拜石头的人，你问他为什么这么欣赏石头，他说，"与石为伍"，石和我是排在一个队伍的，都是自然。再说"志"，诗言志，诗是表达志向的，歌咏言，唱歌是把志向唱出来，如果还不足以表达你，就手舞，手舞还不够，就足蹈。所以中国的诗词、歌咏、舞蹈是这么一个中国特色的，我们树立一个意境，就是表达一个志向。什么叫做意境，就是对内足以表达设计者的志向和感情，对外（游人）来讲足以感人。

我们到武夷山坐竹筏，速度很快，两边的山看不过来，山上刻了几个字——"应接不暇"，这完全是根据一种游览心理，同时这也是我们改造用地的一种方法。比方我们说四合院，四合院有向东、向西的，向东的就东晒，向西的就西晒。但是在颐和园里面有个玉兰堂，玉兰堂最后一进西边的厢房叫夕佳楼，为什么叫夕佳楼呢，因为陶渊明有一首诗——"山气日夕佳，飞鸟相与还"，就是说山上的空气到了太阳落山之后是最好的，这个时候正好也是鸟归宿的时候。这个就是向西的优势，是设计者在劣势中找的优势，把向西变成"日夕佳"。然后在夕佳楼东面堆了一个假山，种上乔木，让鸟可以归宿。西边是昆明湖的东北角，那有一些野鸭子，所以有了夕佳楼之后，东边可以听树上鸟窝中的鸟叫，西边可以听小鸭子吃水草的声音，这样一来，一个景就有意、有情，对于人也有教育意义。有楼联曰："隔叶晚莺藏谷底，喽花雏鸭聚塘坳"。

我们中国的《诗经》就是一本诗的巨作，泰山，"巍巍泰山，维石岩岩"。泰山还有很多诗词，入口有孔子讲的四个字，明代书法家写的，"登高必自"，这句话到现在仍然有明显的教育意义，"登高"并不是单纯地登山，也是攀登科学高峰，"必自"是指必须要通过自己，也就是说一个健康的人，不能坐缆车上去，不能做轿子上去，那样看不清风景。对于我们搞园林的人来讲，不"必自"什么都看不见，所以"登高必自"。泰山有个瀑布，也是四个大字，"普润众生"，意思是我这个水，只要是地球上的生物，我都润饰它，不只是人。泰山要表现从人间到天上的感受，谈何容易，所以在它的前面都有很多铺垫，这些铺垫也文学化了。坡度陡的地方叫紧十八盘，坡度缓的地方叫慢十八盘，有陡有缓的地方叫不紧不慢十八盘，最后山里的平路叫快活三里，这与游客的游览心理扣得非常紧，这也是在风景当中运用文学的效果。

我们说的额题，在牌坊上有，在门上也有。额题可以说是"千锤打锣，一锤定音"，能把园子的特色提炼出来。比如北海公园的"堆云"、"积翠"，"堆云"就是堆山，"积翠"就是聚水。颐和园的"涵虚"、"罨秀"，从字面上来看，"涵虚"告诉人们这个园子里面有大面积的水面，因为水面和镜子一样是虚的，所以叫"涵虚"；"罨秀"的"罨"指渔人撒网出去的一瞬间，用现代的语言来讲就是"捕捉"，捕捉什么呢，捕捉"秀"，"秀"就是突出之物，人突出了叫秀才，地形突出了叫山。故宫御花园的山就不叫堆山，叫"堆秀"。这也

只是第一层意思，如果往深了推敲，皇帝是孤家寡人，就必须要"心如明镜，怀如虚谷"，就是"涵虚"，只有这样才能"羃秀"，才能找到栋梁才做大臣，皇帝如果不谦虚，谁到你这来，所以一个额题它能包含一个园子的特色。像南方的狮子林，一边写的是"读画"，画是看的，为什么叫读呢，因为画中有诗，苏东坡评价王维的诗（王维字摩诘），他说："观摩诘之画，画中有诗，味摩诘之诗，诗中有画"，因此不叫"观画"，而叫"读画"。另一边的两个字更不好理解了，叫"听香"。香是用鼻子闻的，怎么能听呢，仔细琢磨一下，香味是凭借香分子传送，而香分子必须凭借风媒流动才能闻到，给我们的感觉叫"香远益清"，也就是风来送香，所以"听香"要比"闻香"含蓄。

再说楹联，楹联也是中国一种特殊的文学形式。到虹口瀑布参观，路过一个山上的小庙，庙内林木苍翠。为什么林木这么苍翠呢，因为山门门口就有一副大对联，上联："砍吾树木吾不语"，意思是别人把我的树砍了我都不说话，下联："伤汝性命汝难逃"。这是一个植物保护的对联，这种对联富有冲击力。

最早带给我感染的，是有一个票友叫言菊朋，唱得好，就到上海去转业了，变成专业的。但是在报上登的时候用的是"言菊朋君"，这个"君"代表我不是干这行的，我是票友，让大家看了之后对你的要求不会太高，这样容易唱红。哪知道他在上海一唱就红了，所以别人送他一副对联，"上海即下海，有君亦无君"，让我感悟很多，它用十个字就能把历史这段说得很清楚。

重庆还有个用竹子做的楼阁，下面卖茶上面卖酒。重庆的茶馆是干什么的呢，不是单纯喝茶的，可以说是调节社会矛盾的。举个例子，我和某人有矛盾，婆说婆有理，公说公有理，就可以找个年长的中间人来判定，最后谁错茶钱就由谁付。而且茶馆内经常贴个条子：莫谈国事。所以对联的上联是："家庭事，国家事，端杯茶来"；下联是："劳心苦，劳力苦，端杯酒去"，这两个上联下联不搭干，所以中间写"各说各（阁）"，借景很巧妙。

对我们风景园林也是一样，要借景，就是要借它的地宜，就是这块地它适合做什么，但是真正要摸索到一个地宜是很困难的。我们所谓的"借因成果"，我举几个例子，都是我们一般不容易看见的。比如像石头，我们知道，透、漏、皱、瘦、丑。我在西安一个伊斯兰教寺里面找到一块石头，一米多高，既不漏也不瘦也不丑，满身的鸡皮疙瘩，就是乳状突起，看起来肉麻，这块石头美在哪呢，人家就告诉你，别看现在不美，下雨的时候，雨水往下流，这些白色乳状突起像白老鼠爬山一样，若银鼠竞攀，到那时候就好看了，所以布置这块石头的人就看出了这块石头在雨天的地宜。还有在杭州找到的一块石头，不好看，但是像个喇叭一样，风一吹就响，把它放在阳台上，对着主风向，发出呜呜的声响，题了两个字——"天籁"。所以有些地宜容易发现，有些地宜不容易发现，我们需要寻找地宜。今天跟大家进行如上的交流，谢谢大家。

contents

目 录

contents

contents

用风景旅游引领承德山区经济社会发展
——以承德市双桥区皇家型沟域经济发展规划为例

中国·城市建设研究院风景园林院／李金路　张同升　郭　倩　周　洋　傅晓莺

发展论坛

发展论坛

在社会快速转型、经济高速发展、城市化急速推进中，风景园林也面临着前所未有的发展机遇和挑战，众多的物质和精神矛盾，丰富的规划与设计论题正在召唤着我们去研究论述。

我国国土面积的 60％ 是山地或丘陵。一方面，由于通常意义上的城镇建设、农业生产和工业的特点难以规模化地使用山地，林业又大多作为生态公益林使用，直接的经济效益不大。加之山区交通不便，地质灾害较多，难以聚集人口，经济社会发展相对落后，一直以来，因其不利方面被称为"穷山恶水"。另一方面，由于山地地质地貌的多样性，带来生态、景观、气候、坡度、朝向的多样性，即所谓"好山好水好风光"。中华民族较早开始的名山大川审美，使山成为古代人神沟通的重要场所，"天下名山僧占多"，产生了山水诗、山水画甚至风水的世界观，概言之，即中华文明的山水文化观。

对山地，我们是爱恨交加。能否将山地的优势发挥，劣势减低，把山地的物质属性和精神属性有机结合，发挥出最佳效益呢？我们在北方承德的山地作了一次有意的探索。

承德市委市政府拟将双桥区的山地沟峪打造成新的经济发展隆起带。这是一片什么样的山地沟峪呢？放眼望去，这里崇山峻岭（图 1），面积辽阔，但沟底的平地很少，丹霞地貌广布，但坡度陡峭，不宜进行城市规模的开发建设；沟峪大多处于山谷地的尽端，空间狭窄，交通不便；沟里海拔较高，气候冷凉，农作物生长期短，开展传统农业效益不高；村庄分散，难以集中安排配套的基础设施，常规的农村城镇化门槛高；居住人口不多，且壮劳力大多外出打工，形成人口的空心化；植被覆盖率较高，但大多是果林和次生林；到处是垃圾污水，田园风光不再。但就是这样一个 350 km² 的"三农"山区，却包围着规划面积约 100 km² 的承德市主城区。这样一个为城市规划所放弃的边缘沟域究竟该如何崛起呢（图 2）？

图 1

图 2

一、沟域经济的基本概念

何谓"沟峪"和"沟域"？沟峪：以带状空间为主，多指山谷，属自然地理概念。沟域：以面状空间为主，涉及山沟里农民与农村社会的生产经营业态、生活方式和理念等，是一定地域内经济、社会、生态的综合体，更偏于人文地理学范畴。从以人为本，综合人与环境，兼顾经济社会发展的角度来看，用"沟域"更为"点睛"。

沟域经济泛指通过山区山地的生态保护与利用，依托沟域所有的综合资源，开展农业观光游、乡村民俗游，使山区农民脱贫致富。沟域经济的提

图 1　从夹墙山俯瞰承德沟峪
图 2　正在建设中的承德市

图3

图4

图5

图6

法起源于北京，但是北京的起点和目标都不高，致使农家乐接待类似于低档旅游。

沟域经济通常的发展目标。靠山吃山，靠水吃水，以山水为背景，吃种养殖农业、吃采矿工业、吃农家乐的乡村旅游业。应整合各种资源，利用多种手段，使沟域农民脱贫致富，使生态环境向正向演替。

二、双桥区沟峪的基本情况及存在的主要问题分析

（一）沟域的基本情况

双桥区总面积约450 km²，除去承德主城区规划占地约100 km²，山地沟域面积约350 km²。全区有 6 个镇，64 个村，12 条自然沟峪，3 大河流。2009 年全区人口 33.6 万，其中非农业人口 25.1 万。但由于乡村沟域与城市核心区紧密相连，在承德快速城市化进程中，已经有 36 个村变为"城中村"，余下的沟域空间紧邻城市却难以得到有效利用。

（二）沟域中的"三农"问题分析

总体上看，沟域农民的收入低、生活条件差；有技能的农民主要依靠进城打工就业，其余农民缺乏技能，就业困难，人口空心化；由于气候冷凉、无霜期较短和土地分散，农业低效，占用土地山林资源多，农林业的经济贡献小，在传统的"三农"领域投入得不偿失；如果跳出村界进行统一规划，村民强烈的小农意识又会阻碍区域的资源整合。双桥区沟域经济的核心就是"三农"问题，而且是山沟里的"三农"，是生态环境一般的"三农"，是田园风光被逐渐侵蚀殆尽的"三农"（图3）。

（三）城乡二元结构明显

承德市双桥区是个典型的山地城市，其区域发展呈现出明显的城进乡退、城兴乡衰的局面，城乡不能相互支撑发展；城市扩张迅猛，吞噬沟域乡村土地空间，而城市发展思路已经严重脱离承德的地域历史文脉，没有发挥山水资源优势和文化优势，致使现在的承德不再是人们原来想象中的山水承德（图4）；乡村基础设施差，环境污染日益严重（图5）；社会福利、收入差距大；山地沟域农村属于自然发展，没有为承德市的发展形成新的资源储备；建设项目大填大挖，景观风貌与自然环境不协调，靠近城区的地方田园风光再难寻觅（图6）。

（四）市场与产业分析

山区沟域缺乏新的经济增长点和新的增长方式，缺乏带动力强、辐射面广、知名度高的项目，缺少特色产业支撑。现状沟域经济以承德内向型市场为主，农产品主要服务于双桥区；乡村旅游业处于初级、低档阶段，旅游接待对象主要是承德市民，消费水平不高；外来资本引进不够。引进项目缺乏统筹，山地各村镇的发展重短期效应，造成资源和

设施重复配置。三次产业处于发展的岔路口。"国际旅游城市"和"大避暑山庄"战略在双桥区内缺乏支撑。

三、相关区域发展目标

在这样广泛的山地区域中,承德应当怎样确定自己的目标定位呢?

(一)华北和首都区域层面的目标

河北省作为现代化农业基地和重要的旅游休闲度假区域,正在分批建设休闲度假基地、观光农业基地、绿色有机蔬菜基地、宜居生活基地;承德被列为"京北皇家休闲度假区",也是全省重点构建的四个休闲城市之一,乡村可以依托农业产业、乡村聚落、民俗文化等开发特色旅游产品;北京今后将在产业分工、交通构建、市场培育、环境改善、旅游发展等五大领域内推动京津冀地区区域合作。

因此,承德应当与北京在科技、交通、文化、金融、旅游、商务、农业等多个方面进行政策、机制和管理的对接。承德服务北京、借力北京,才能实现优势互补、互动双赢,才能充分发挥出这片北方丹霞山地的核心价值。

(二)承德市和双桥区层面的目标

承德城市区域的目标定位:

国际旅游城市、国家历史文化名城、山水园林城市、"大避暑山庄"、连接京津冀辽蒙的区域性中心城市(图7)。

城市山地沟域经济崛起带作为"三个隆起带"之一,开发建设都市农庄、度假休闲、生态养生、观光采摘等现代休闲观光生态农业,构筑点、线、面相结合的山区沟域经济发展格局,形成环绕城市的沟域经济圈。

其中,沟峪经济是基础,历史文化和山水园林城市是手段,国际旅游城市是核心战略。

(三)结论

从宏观到微观的诸多层面,都要求承德及其周边山地的发展必须依托历史文脉,立足风景旅游资源,结合山地沟峪特点,针对社会和市场需求,创造具有承德"皇家特色"的发展之路,引领地方经济社会发展。

双桥区沟域的核心区就是承德主城区、世界文化遗产地和国家级风景名胜区——"避暑山庄—外八庙"。它就像一个高等有机体,山地沟峪这些外

围分散的器官、组织和细胞只有紧密围绕在主城区的神经主轴周围,并与之相互联系、发生作用,才能发挥出承德市的资源整体效益和最佳效益。从空间上看,承德要做好避暑经济文章,落脚点必在山地沟域。

因此,双桥区沟域不仅仅是"三农"的沟域,还是:

(1)与承德市主城区紧密相连的区域;

(2)与避暑山庄的本底环境和皇家文化脉络有着相似性的区域;

(3)与北京有着深刻历史渊源的区域(图8);

(4)与华北现代城市功能拓展息息相关的区域。

四、承德避暑山庄的启示

(一)皇家宫苑建设引领承德发展

承德作为清朝鼎盛时期全国第二个行政中心,起源于皇家休闲活动。皇帝一年中有半年的时间,率朝廷官员和皇室家眷来此办公和居住,从而带动相关的服务和产业,形成人口和产业的聚集。可以说,先有避暑山庄,后有承德城市。

(二)"皇家"避暑胜地让位

承德山地避暑文化优势依旧,但是承德却丧

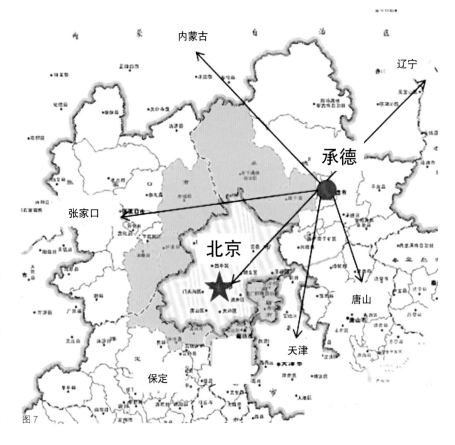

图7

图7 承德是区域性中心城市

图8　承德与北京的历史渊源

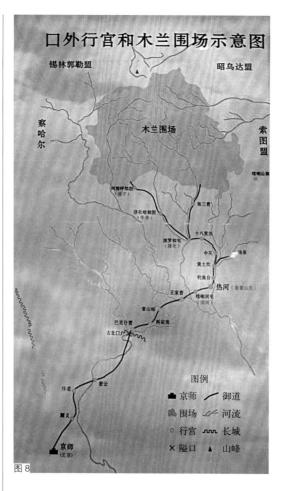

图8

失了三百年前"中央首脑"避暑度假的地位，让位于北戴河，同时也面临着众多避暑旅游城市竞争的压力；但是随着北戴河海滨的污染加剧和日本核电站爆炸的负面影响，北戴河避暑优势也在动摇（表1）。中国文化从根本上说是山水文化，而非海洋文化。中国人传统上对山水是融入的，对海洋却是担心的。

（三）"古为今用"

几百年前皇家避暑山庄的政治、军事、外交、生活、消夏等使用功能与现代社会的政务商务休闲、体育健身、皇家生活体验、旅游休闲、养生养老、避暑度假、农耕体验等需求高度一致。可以将避暑山庄300年前的许多功能，分解、拓展成为一个个主题功能更加明确、符合现代游客需求的"山庄"系列项目，并在450 km²的范围内重新统筹。

（四）避暑山庄对承德建设现代化城市可借鉴的经验

（1）低值高用，诗意栖居。通过巧夺天工的手法人化自然，将普通山地沟峪资源建造成为最高水平的中国皇家园林；整合各类资源，充分利用山水匹配关系；结合多样、具体的功能需求，对平常环境进行人化、诗化、神化的不懈提升。

（2）高端低调，极高品质的世界文化遗产与自然朴素的山水资源融为一体，符合现代社会的低碳和可持续发展观。

（3）外师造化，内得心源，因山构室，随山依水，反对工程建设中的大拆大建、大填大挖。

（4）建立皇庄和王庄的特供体系。为减少对原住民的干扰，提供安全、高效的服务，实行交通、服务、食品等针对皇家和朝廷大员的特供体系。

（五）严格遵守世界遗产地保护的法规制约

避暑山庄"中看不中用"——一年只能游半年（避暑山庄的山区部分每年11月至次年5月属于防火期，游客不许进入），一日只可游览半天（夜间闭园）。由于严格保护的需要，大众更不能直接体验使用世界文化遗产。但是大众对皇家文化的体验需求可以转化为强大的市场动力，按照社会需求可在山地区域重新配置资源。

五、发展思路

（1）虽然是山区沟域经济规划，但我们不能仅仅着眼于"三农"，而是要统筹考量，跳出"沟域"看"沟域"，脱开"三农"看"三农"，实行城乡统筹。

（2）整合资源和需求。以自然流域为基本单元，打破行政区划限制；山水结合风水，风景结合生态，经济结合社会，历史结合文化，产业结合市场，创意结合资源。

（3）用风景旅游引领双桥山区沟域经济发展。挖掘资源，提升价值，转换价格。将皇家园林品质供百姓休闲体验，使"优质皇家山水苑，进入寻常百姓家"。

（4）承德的山水不会变，或缓慢渐变，但我们看山水的角度、用山水文化思考沟域的视点必须改变。先要看到"看山不是山"，进而推进承德沟域从"人化"向"诗化、神化"的跃迁。

六、规划目标定位

我们最终把承德双桥沟域经济的发展定在3个目标层次上：

区域避暑度假条件综合对比分析　　　　　表1

序号	城市	年平均气温（℃）	7月平均气温（℃）	地理特征	文化特征
1	北京市	10～12	27.6	平原	东方城市文化
2	北戴河	8.8～11	25.6	海滨资源	西方式海洋度假文化
3	承德市	5～9	22.8	山水资源	中国山水休闲文化

(1) 就"三农"而"三农"。解决沟域的生态改善、产业优化、设施配套、农民就业、脱贫致富。

(2) 城乡互为支撑。不仅仅城市占用沟域的土地资源，吸纳农村劳动力，同时，沟域也为城市提供生态保障、产业支撑和生活理想。

(3) 将最边缘、最分散、最低层次的"三农"沟域资源，进行深度整合，使之直接支撑承德市"国际旅游城市"的最高目标。

七、对承德（双桥区）城乡规划、建设的评价

（一）把承德当作普通的城市进行规划建设

2011年，双桥区实现财政收入约14亿元，其中50%来自房地产业，而这些住宅以高层、高密度的"港式住宅"为主，因此，城市形象既不是游人梦中的避暑山庄，也不是理想中的承德老城风格，而是"身在承德难觅家（山庄）"（图9）。避暑山庄不过位于一个普通世俗的城市中间，并不能引领游人走向诗情画意。

（二）新的"绿心"有名无实

避暑山庄历经近90年的建设，形成了园林"绿心"。而这个5.6 km² 小"绿心"的形成带动了古承德的形成与发展。承德城市规划确定的120 km² "大绿心"仅因地处中心而成为"绿心"，不具备带动现代承德城市发展的实质核心，反而恰恰因其阻碍了城市的交通发展。

（三）低层次使用资源

在已开发的滦河、武烈河滨河资源中，本应是黄金水岸的区域却都已开发成为最低的"铸铁级"水平。未开发地段可否升至"白银级"和"青铜级"，也未敢说。但即使城市规划期末的目标能够达成，其建设成果也难以支撑国际旅游城市的战略目标。

（四）对双桥区沟域经济发展已有模式的评价

各村镇分别探索各自的发展模式，各显其能（表2）。但受到历史、现实和思想的制约，发展有限，有待通过规划进行区域统筹、资源整合和市场共享。

八、策划和布局

科学家钱学森谈北京的城市建设时指出："北京市兴起的一座座长方形高楼，外表如积木块，

图9

进去到房间则外望一片灰黄，见不到绿色，连一点点蓝天也淡淡无光。难道这是中国21世纪的城市吗？……要发扬中国园林建筑，特别是皇帝的大规模园林，如颐和园、承德避暑山庄等，把整个城市建设成为一座超大型园林"。这对承德山地的城乡建设颇有针对性和指导性。

（一）"避暑山庄"的重新定性

严格地说，承德避暑山庄不是一个"山庄"，而是一个"山地"加"水系"组成的"山水庄"。这个"山水庄"的环境本底就是沟域。设想我们把避暑山庄的围墙、建筑全部推倒，把湖区水系还原成武烈河滩，那么300年前的山庄基址就是5 km²山地内的3条小沟峪（松云峡、梨树沟和榛子峪）和1个河滩（武烈河宽沟峪）。康熙皇帝慧眼重看热河行宫，清代三朝皇帝耗时近90年，将一片沟峪河滩建成中国现存规模最大、水平最高的皇家宫苑，并成为现在的世界文化遗产！

我们认为：沟域是山庄之母，山庄是承德之母！只有山庄的，才是承德的！只有承德的，才是世界的！

（二）看山不是山，看水不是水

双桥区连绵起伏、无穷无尽的山地沟域空间可以概括为"3450"格局，即：

图9 正在建设中的承德市已经失去了天然的山水格局

双桥区沟域经济已经探索的初步发展模式　　表2

调研村庄	优势评价	不足评价
土洞子村模式	自给自足，自我循环，封闭安全，风险小	不成规模
崔梨沟村模式	自发的观梨花模式，形成城区市场，有一定发展潜力	档次较低
马家庄模式	都市生态农业，农业基础好，有一定市场前景	规模偏小
冯营子镇模式	大型项目带动，形成一定的产业链	直接带动力和辐射力不强
石门沟村模式	综合项目带动较大	局部产业链条有待延伸
平房沟村模式	超大型项目带动，具有较大的区域影响力	市场偏于高端，地区参与性较弱，容易造成利益外流

清代避暑山庄	现代沟域经济
山地沟峪、水系形成的"山水庄"	山区、沟峪、水系规划的"山庄"、"水庄"和"山水庄"
到京城时间：快马朝发夕至	到京城时间：普通铁路5小时，高速公路2小时，高速铁路45分钟，航空20分钟
清代第二政治中心，处理政务、外交，强化与少数民族的联系	打造中国的"戴维营"，党和国家领导人处理政务与休闲之处，加强民族团结
皇家消夏避暑，融汇了生活、游赏、娱乐、养生等功能	大众避暑度假，融汇了旅游休闲、观光娱乐、皇家生活体验、养生养老等功能
皇帝行围驻跸、边防、"木兰秋狝"	大众四季多样体育运动
用宗教团结各民族	文化遗产保护利用、科普教育
促进承德市的形成和发展	带动承德山区经济社会发展
促进农耕经济	促进"三农"改善，生态和民俗体验
王公大臣的聚集	游客商务休闲
因山构室地建造避暑山庄	低碳、节约、可持续发展的沟域经济

——3条城市山水景观控制轴（明确三轴）；

——滦河、武烈河的4个重要湾道（改编四湾）；

——5个最关键风景点（挖掘五点）；

——10个带动沟域经济发展的山水庄（确定十庄）。

通过古今承德山区沟域的交通及职能对比分析（表3），可以引导出新的避暑山庄体系，服务于现代的消费市场，满足城乡发展的要求。

（三）构建十大"山水庄"，形成全国山地特色的承德"山庄"体系

通过对沟域的文化资源空间分布和城市山水风景资源的挖掘，构建九大新的山（水）庄，每个山（水）

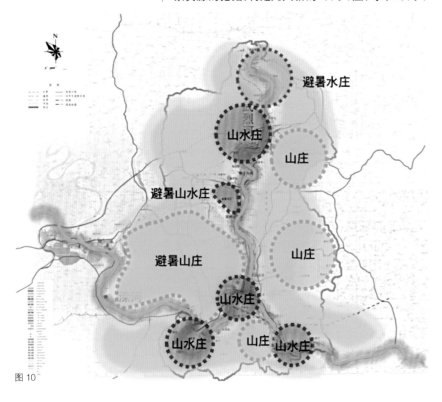

图10

庄均有一个明确的主题定位，可单独成一功能分区，成为与世界文化遗产"避暑山庄"体用结合、共成体系的"避暑山庄"、"避暑水庄"、"避暑山水庄"。即以世界文化遗产的避暑山庄为体，现代版的避暑山水庄为用。新"山（水）庄"着重将作为本体的避暑山庄的功能拓展、延伸至整个沟域，满足现代避暑、旅游、休闲市场需求，为山区农民创造多层次的就业机会，促进产业结构调整，共同支撑未来承德休闲产业的发展。

世界文化遗产避暑山庄起源于山地沟域，应当重新准确地定位为"山水庄"："自然天成地就势，随山依水揉辐齐"。我们今天用康熙皇帝的眼光，跨越行政区界，结合今天的视角重新审视这片沟域，发现在原有避暑山庄外的山地，还暗存着9个类似于山庄山水结构的资源空间，形成1个"水庄"、4个"山庄"、4个"山水庄"的资源潜力，有些资源条件甚至优于皇帝的避暑山庄（表4、图10、图11）。

1. 避暑山庄—外八庙——世界文化遗产

"避暑山庄"是中国清朝的园林式夏宫，已经成为世界遗产，具有唯一性和不可替代性，是承德乃至中国无可置疑的专属名片。由于世界遗产极为严格的保护要求，再加上每年11月份到次年5月份是"避暑山庄"封山防火的季节，游客半年进不了山区，夜间不能进驻，限制了游客的体验需求。避暑山庄主要以严格保护、游览参观为主。

避暑山庄由山区—平原区—湖区组成，有榛子峪、梨树峪和松云峡3条主沟。山区、湖区、平原区面积分别占80%、10%和10%。（图12、图13）

2. 盛世山庄——政务休闲区

在8km²水面的双峰寺水库修建之后，这一区域的风水价值将得到极大提高。区域环境封闭、安

山地资源中十大山庄项目汇总（风水好、风景好、山水好）　　　　表 4

分区名称	涉及主要沟域	功能定位	主打特色	重点项目	其他可发展内容
避暑山庄	松云峡、梨树峪、榛子峪	世界文化遗产、国家级风景名胜区	遗产资源保护	科学展示、利用	景点恢复
盛世山庄	双峰寺水库及上游区域	高端政务休闲	皇家政务休闲与养生	钓鱼台 民族会议厅 龙脉温泉 御茶宫	水路御道 康熙码头 花卉种植 中草药种植 农田景观
猎苑山庄	平房沟	体育休闲	皇家体育文化	清朝皇家运动会	皇家狩猎苑 皇家军事训练基地 ATV 趣味赛车 山地高尔夫
颐年山庄	老沟	养老休闲	仁寿	中国老人节 国家级养老示范基地	健康养生餐饮 康复疗养中心 医护人员培训中心
远古山庄	大窝铺	历史文化体验	远古文化	平顶山国际旅游城 林中部落度假村	山野垂钓 古风寨 森林音乐会 森林氧吧
梦里山庄	元鹰线沿线	文化创意	清朝生活情境体验；园艺博览	"梦里山庄"主题游艺园 申办中国国际园林博览会	园林花卉艺术节 繁花谷
环碧山庄	土洞子沟（秋窝）	高端商务休闲	山水商务	超五星级风景酒店 主题商务娱乐中心	绿色安全农产品特供基地
旗地山庄	乱石窖沟主沟 西北沟 石门沟	生态型都市农业	清朝旗地庄田特供模式	皇庄人家——都市型现代农业孵化基地 王庄人家——生态农业种植示范基地 官庄人家——健康种养殖示范基地 旗庄人家——特色杂粮生产示范基地	生态餐饮 农产品加工
梨花山庄	崔梨沟 大南山	休闲观光农业	梨花伴月	梨花山庄 尚亚葡萄酒庄园	古树民居 手工艺品制作
紫塞山庄	红石砬沟 乱石窖沟东段	丹霞风景游赏	中国北方丹霞	游客中心 桃源仙谷——陈家沟休闲度假村 鸡冠山文化休闲项目	春赏杜鹃 户外营地、汽车营地 登山攀岩

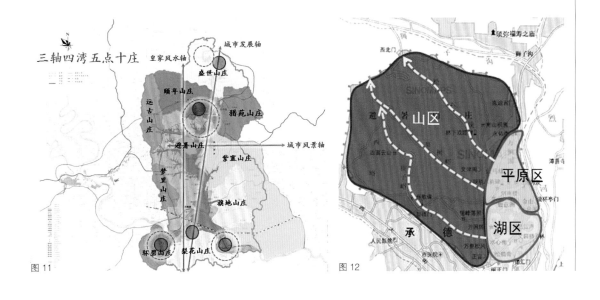

图 11　　　　　　　　　　　　　　图 12

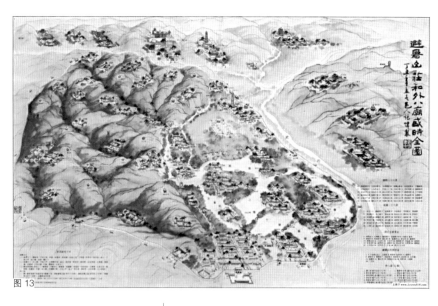
图 13

北区：二龙戏珠，皇脉风水。土龙环抱，水龙相绕，双龙相对，风水极佳。皇家茶宫（甸子村）坐落在双龙戏珠的"珠"上。背面有主峰为靠，前有弯曲水流保证方便的取水和水运交通，水对面还有对景的案山、朝山。林木葱郁，交通便利，自古便是理想的风水宝地（图15）。

南区：东西双庄合璧，价值倍增（图16）。

《定景诗》

宇榭亭台沐佳荫，娇莺自在细细听。
澄湖一碧波千顷，灵卉含羞远氤氲。
水澈风清好从政，云淡天高可养心。
自古乾坤龙脉地，今尔坐赏九州清。

3．环碧山庄——商务休闲区

《尔雅·释山》谓："大山宫小山，霍。""宫"即围绕、屏障。小山在中、大山在外围绕者叫霍。承德避暑山庄所在山水格局正符合"宫"、"霍"之势。在其周边兴建的外八庙群，与山庄之间形成"众星拱月"之势，体现出民族团结、皇权至尊的思想（图17）。

秋窝之妙在于周边山势拱卫，滦河湾绕，形成一个半围合的空间，秋窝对面的"五沟八梁"诸峰罗列，若揖若拱，其山势均汇聚于秋窝。这种天然形成的向心式的山水格局与避暑山庄周围环绕的外八庙所形成的空间布局，有着异曲同工之妙（图18）。该区域属于双桥区城市规划确定的南部滨河新城带动的增长点，可建设若干个既能与环境相融合，又能彰显承德皇家特色和少数民族特色的风景酒店群，打造现代版的体现民族团结内涵和商务休闲主题的"避暑山水庄"。

《定景诗》

四面云山里，环碧秀水中。
远峰如竞秀，近岑似争奇。
诸峰相罗列，众山枕琦秀。
水漾呈山姿，林密显高枝。
脉脉滦水绕，溶溶碧波池。
舒适沐春晓，萧爽如秋姿。
山峦云影照，共聚秋窝峰。
环顾风光好，秀美天下知。

4．颐年山庄——养老休闲区

从历史上看，清康熙与乾隆两位皇帝共举办过4次"千叟宴"，从最高国家领导人层面倡导社会尊老、养老，这一优良传统可继续在现今的山地沟域中传承和发扬（图19）。从形式上看，武烈河

图 14

图 15

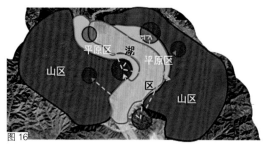
图 16

全，并且靠近待建的旅游机场，同时具备温泉养生、中草药养生等养生功能。水面形成的独立空间两侧适宜发展高端度假休闲项目，开展国宾接待，展现承德的皇家庄园风范，建设中国的"戴维营"，满足国家级政务休闲办公的要求，构成国家领导人夏季办公和避暑修养的"消夏理政"场所（图14）。

图 13　避暑山庄平面图
图 14　盛世山庄现状图
图 15　北区风水结构图
图 16　南区山水空间分析图

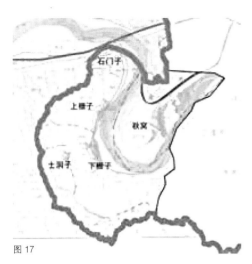

图 17

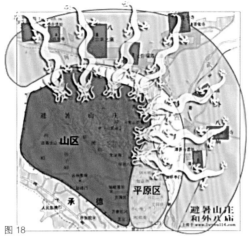

图 18

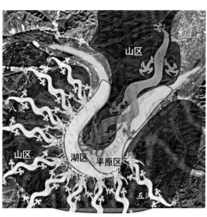

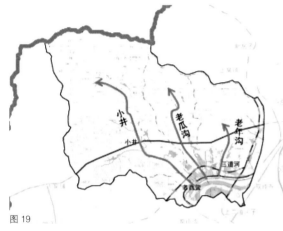

图 19

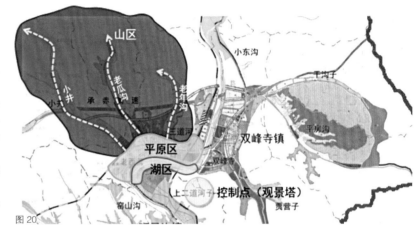

图 20

在双峰寺镇拐了一个弯,形成了一个天然的湖区—平原区—山区的山水格局结构(图20)。该山庄内有以老年沟为主,与老井沟(建议原小井村改名)、老瓜沟组成的3条沟与避暑山庄的3条沟极为相似。从内容上看,该区域目前已有2个养老项目。

《定景诗》

千叟颐养求百岁,老骥伏枥志可贵,
壮心未与年同老,白发银髯再生辉。

5. 猎苑山庄——运动休闲区

该区域是以平房沟为主沟的山庄经济体(图21)。平房沟是一条天然沟谷,谷内空间开合有致,收放自如,两侧山峰叠嶂起伏,景色优美。其空间感、景观价值可以与避暑山庄诸沟媲美,形成一个天然的小山庄(图22)。沟内适宜开展体育运动类项目。目前已有山地高尔夫、国际赛车、山地自行车等体育休闲筹划项目。可进一步开发清朝皇家运动项目,如狩猎、冰嬉、射箭、相扑、马术等,打造春、夏、秋、冬四季皇家运动休闲体验项目(图23)。

6. 紫塞山庄——风景游赏区

在武烈河东侧山岭中,双桥区的中东部有着大量的中国北方少有的丹霞地貌景观,多呈散点式分布,包括夹墙沟、陈家沟、鸡冠山等景点,以及绵延至承德县境内的天桥山、朝阳洞、狮子峰(图24～图27)。山景错落有致,丹霞地貌奇峰异石,极具观赏价值。适宜开展风景游赏类项目,发展北方丹霞风景的观光旅游,将山岭中散布的村庄提升改造成为小规模民俗接待性质的家庭式"避暑山庄"。

7. 旗地山庄——都市休闲区

这一区域近邻城市建成区,沟域地势平坦(图28),受山区冷凉气候影响小,蔬菜种植、动物养殖、都市休闲农业发展均有一定基础。从历史上看,该功能区所辖村庄多为清代康熙年间建村,从避暑山庄营建开始,农业屯垦与承德市区的形成有直接的关联。可借鉴清代承德庄田制经验,发展特供型、专业化的蔬菜和鲜果生产,为休闲旅游产业提供特供服务,确保食品安全(图29、图30)。

《定景诗》

银锄落地农耕忙,绿色有机稻谷香。
粮农蔬果专生产,皇家品质共尔尝。

图 21

图 22

图 23

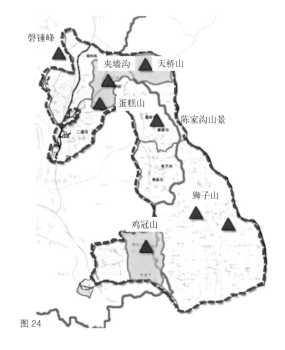

图 24

图 25

图 21 猎苑山庄现状区位图
图 22 猎苑山庄现状照片
图 23 清朝皇家运动意向图
图 24 紫塞山庄现状区位图
图 25 丹霞地貌——天桥山
图 26 磐锤峰
图 27 鸡冠山

图 26

图 27

图28

图29

图30

8. 梨花山庄——都市休闲区

崔梨沟村具有典型的山地型空间，曲径而上，村庄错落有致，山谷之间，遍植梨树，300余年的古梨树遍布山岭。暮春时节，山林翠谷，梨花满枝，与避暑山庄七十二景之一的"梨花伴月"有着相同的景观意境（图31～图33）。可着力提升现有的梨花景观资源，营造康熙皇帝当年夜赏梨花的意境，发展都市休闲观光农业。从区域统筹和产业发展的角度，需把现有的大南山红酒庄园一并纳入，打造观光休闲农业区。

图31

《定景诗》

暮春时节梨花香，煦风盈盈遍地霜。
清歌四起人相见，乡俗琴音余绕梁。

图32

9. 梦里山庄——文化创意区

按照承德城市总体规划，滦河以北、武烈河以西，包括双滦区，是承德城市发展的大"绿心"，也可看作是一个大"避暑山庄"，这个大"避暑山庄"的面积是世界文化遗产避暑山庄的20倍。但因为新建道路"元宝线"的切割，使此大"避暑山庄"无法整体实现（图34）。但由于此地交通便利，地形丰富，加之双滦区也正在元宝线区域规划建设"避暑文化产业园"，从区域发展对接角度，可适度开展文化创意活动，建设影视基地，艺术复现清朝皇家文化（图35）。

图33

图 34

图 35

图 36

图 37

图 38

文化生态体验区（图 38）。

《定景诗》

水复山重静且便，奇葩异草四时鲜。

春林秋蓼清晖暮，远古风情千余年。

九、现代化进程中山区沟域发展

（一）异化的风险

1. "山庄"的标准

有人把承德山地现代风格的建设叫作"21 世纪的避暑山庄"。如果康熙、乾隆皇帝再世，如果他们不认为是"山庄"，则皆可视为是"山庄"的异化。城市脱离避暑山庄的历史文脉发展是最大的风险。

2. 承德新城异化老城，而不是"山庄"同化城市

在新城中能否找到历史文脉？能否看到承德山水特色？现代城市建设掩盖历史风貌，使得城市失去历史和文化之根。

3. 环境割裂异化城乡一体

盲从外国、外地经验与做法，放弃自身风水、资源特点与历史文化优势。城市化侵蚀和鲸吞乡村，使乡村失去自然原生风貌与魅力，反过来又会拖累城市。

（二）急功近利的风险

当年是康乾两帝举国力投资建设 87 年，并且皇帝本人作为高水平的规划设计师亲自参与。即使是现在的大公司、大财团、大投资、大设计师，在建设时间不会超过皇帝的十分之一的苛刻条件下，如何能够达到皇家水准？

（三）沟域经济规划与已有法定规划不兼容的风险

相对于《城乡规划法》对"城"的要求，山地

《定景诗》

盛世王朝背影稀，百年山庄举世迷。

最是隆昌康乾景，遥遥一梦是今期。

10. 远古山庄——历史探秘区

水泉沟的大窝铺村所在沟域，从与避暑山庄的空间关系看，位于最西北部，相对偏远（图 36、图 37）。沟口的山神庙、柳树底、水泉沟等村有大量的春秋、战国时期遗址，如平顶山遗址、广仁岭遗址、石锁子遗址等。沟域内部水源充足，植被丰富，沟域深处有大片白桦林。古人言：心远地自偏。我们利用"偏远"的区位，开展具有"神秘"特色的森林生态游，打造与远古历史文化体验相结合的

图 34　梦里山庄现状区位图
图 35　梦里山庄意向图
图 36　远古山庄现状区位图
图 37　远古山庄现状照片
图 38　远古山庄意向图

沟域规划更像是"乡"部分的内容;相对于总体规划,它更像是专项规划;相对于土地利用规划,它更像是经济社会发展规划;相对于风景旅游规划,它更像是"三农"发展规划。相对于城乡或土地利用这些"硬"的规划,它更像是与若干法定规划都沾边,又都不管的"软"规划。如果沟域发展规划不能够融入法定规划,它就缺乏法律和技术保障。部分"山庄"地区已经开始新城区的路网建设,这种延续通俗人化城市的做法与创意山庄"诗化、神话"山地沟域是不相适应的。

(四)对已经破损的沟域塑造新容的风险

挖掘出的新"山庄"资源已经在规划前被各种铁路、道路、房地产、单位等建设项目分隔、干扰和破坏。新的山庄"未建已伤残",可能难以做到避暑山庄那样理想和完美。如何"夺回"策划的九大山庄?这是值得我们重新审视和亟待解决的问题。

十、规划结论

(1)充分挖掘双桥区山地沟域潜在的风水资源和山水资源价值,打造以皇家山水文化为主线的国家"避暑之都",策划新的九大避暑山水庄,与世界遗产避暑山庄一起,形成了承德的"大山庄"体系,使乡村"三农"和山地沟域的普通资源为承德建设国际旅游城市提供强有力支撑。

(2)延承避暑山庄营建理念,最大化地提升山地沟域本底山水的综合价值,做到山水园林化,释放世界遗产价值,打造避暑山庄皇家文化休闲体验型经济,寓教于游,服务大众,变一季游为四季游;支撑承德山水园林城市的定位。

(3)培育新型经济增长点。吸引市场资本进入,满足政府发展、居民休闲、投资商经营、游客独家体验等各方利益需求;用足国家的政策,用活祖宗的遗产,用好社会的钱财,用好山区沟域资源。

(4)风景园林促进城乡协调发展。改变传统的城乡二元分割格局,为游客和原住民提供包括绿色安全食品生产、特色农产品加工、养老养生服务、生产生活服务等在内的涉及各个行业的更为广泛的就业机会。

(5)创造不同于核心城区、不同于其他省市山地沟域、具有承德独特皇家特色的沟域经济发展模式。

> 紫塞古今有,风水藏身边;
> 承德文脉盛,平民享宫苑;
> 梨花比果贵,"三农"国际篇;
> 城里住凡人,沟峪养神仙。

> 一片浅山绿,两河风光蓝;
> 三轴人、诗、圣,四湾待改善;
> 五点需重审,九庄山水鲜;
> 康乾如再世,大地化林园。

峨眉山市空间发展战略研究

中国城市规划设计研究院风景所／王　斌　高　飞　武旭阳

一、序言

（一）峨眉山简介

　　峨眉山市为四川省辖县级市，位于四川省西南部，地处四川盆地西南边缘，全市面积1183 km²。峨眉山市历史悠久，古系蜀国之地，隋开皇三年（公元583年）改名峨眉县，历史上属眉山郡，民国时期和新中国成立后设峨眉县。峨眉山风景名胜区位于市域中部，地势陡峭，风景秀丽。早在公元1世纪中叶，佛教经南丝绸之路由印度传入峨眉山，并落成中国第一座佛教寺院。公元3世纪，普贤信仰之说在山中传播。峨眉山作为佛教圣地以普贤道场之名，与五台山、普陀山、九华山被称为中国佛教四大名山，蜚声中外（图1）。

　　自1979年峨眉山景区对外开放以来，峨眉山市的风景旅游快速发展。1982年峨眉山获国务院首批国家级风景名胜区，1996年获批世界自然和文化双遗产。1998年峨眉山获首批中国优秀旅游城市。2012年，全市实现地区生产总值163.63亿元，接待游客686万人次，旅游收入达87.1亿元。

（二）项目设置

　　为了适应四川省向旅游经济强省的跨越和乐山市建设国际旅游目的地城市的总体需要，进一步加强世界自然文化遗产保护，推动峨眉山市市新型城镇化发展，2013年峨眉山市市委、市政府和峨眉山风景名胜区管委会共同委托中国城市规划设计研究院开展《峨眉山市空间发展战略研究》、《峨眉山市城市总体规划》和《峨眉山风景名胜区总体规划》的编制工作。

（三）战略研究目的

　　在我国城镇化和旅游业快速发展的背景下，峨眉山市与风景区的建设相比，仍然存在较大的差距。随着城乡建设和旅游服务设施的不断蔓延，遗产地和风景区的保护压力日益凸显，城山相望的传统格局在旅游设施建设等方面反而呈现出城山恶性相争的对立关系。如何在保护的前提下，促进城市与风景区的互动良性发展，是本次战略研究的重点。同时，战略研究也探索在统筹考虑遗产地保护、城乡统筹、城山协调和旅游空间布局等重大问题的基础上，构建城山长远发展框架，为城市总体规划和风景区总体规划两个法定规划的编制优先搭建协调平台，促进风景区的永续利用和峨眉山市向"旅游目的地城市"转型。

图1

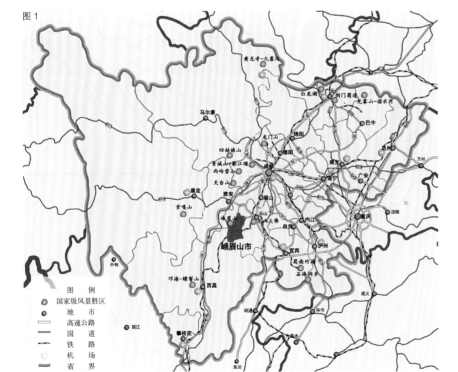

图　例
● 国家级风景胜区
◎ 地　市
━ 高速公路
━ 国　道
━ 铁　路
◯ 机　场
━ 省　界

峨眉山市

二、战略研究面临的主要问题

（一）城市与风景区割裂发展

峨眉山风景区与峨眉山市区比邻而居，风景区天下名山入口距市中心区不足5km，峨眉山市和峨眉山风景区均归属乐山市代管。经过近30余年的发展，峨眉山风景区在国内、四川省、遗产地和佛教名山中的旅游发展均位居前列，但峨眉山市的经济社会发展水平与同类别遗产地旅游城市相比仍有较大的差距。由于峨眉山市与风景区管委会各自管理，城山之间缺乏互动和协调，导致峨眉山的旅游业和游览组织主要集中在风景区范围；由于城市产业与旅游业的关联度低，改革开放以来峨眉山市的主导产业在旅游和工业发展之间左右摇摆。目前，峨眉山市城区和风景区范围共有床位数约33000个，风景区范围内约有21000个，其中，五星级和四星级酒店主要分布在风景区内。遗产地承担旅游服务的主要职能，必然对遗产地的生态环境造成巨大的负面影响；"一山独大"的旅游格局不仅不利于遗产地的保护，同时也制约了峨眉山市旅游业的提升发展（图2）。

（二）遗产地保护面临巨大压力

峨眉山—乐山大佛风景名胜区作为世界第十八个自然与文化双遗产，在生物多样性与自然栖息地、建筑景观和佛教为主的传统文化方面，具有世界级的保护价值和代表性。随着峨眉山市的经济社会发展和峨眉山风景区的旅游开发建设，峨眉山双遗产地的保护与管理面临的生态与环境压力日益加大，主要体现在以下几个方面：一是遗产区与当前风景区的范围不一致，导致保护措施不明确，遗产缓冲区的生态环境日益恶化，景观破碎度日益增大（图3）；二是遗产核心区的生态敏感性高，过度的旅游活动和增量建设带来的人类干扰影响了双遗产地的品质；三是随着旅游活动的开展，景区内城市化、过度商业化氛围日益浓厚，景区内的垃圾排放和污水处理都已处于警戒水准，偏离了遗产地的国际保护标准和要求；四是风景区内兴建了大量的农家乐和商业设施，管理矛盾日益突出，对生态和游赏环境造成了重大的负面影响。以上因素若不及时整治，将面临被联合国教科文组织亮黄牌警示的风险。

（三）城乡发展与双遗产地不匹配

峨眉山市发展的问题主要包括以下几个方面：一是山城的管理问题。由于峨眉山风景区与峨眉山

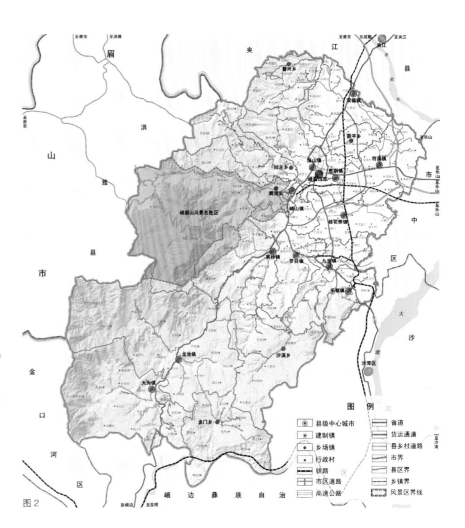

图2

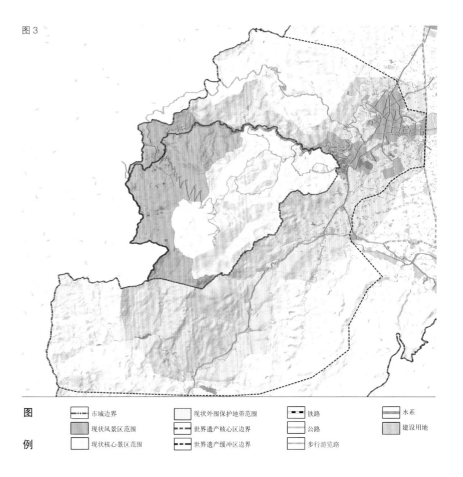

图3

图例				
市域边界		现状外围保护地带范围	铁路	水系
现状风景区范围		世界遗产核心区边界	公路	建设用地
现状核心景区范围		世界遗产缓冲区边界	步行游览路	

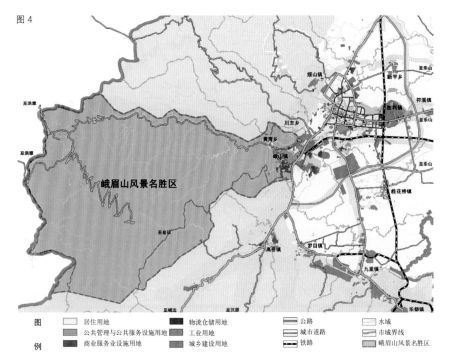

图4

图例

居住用地　　　　　　　物流仓储用地　　　　　　公路　　　　　水域
公共管理与公共服务设施用地　工业用地　　　　　　城市道路　　市域界线
商业服务业设施用地　　城乡建设用地　　　　　　铁路　　　　峨眉山风景名胜区

市各自管理，导致旅游活动主要集中于风景区范围，市域的旅游资源和环境未能得到整合利用，城市发展与旅游产业的发展不协调。二是市域发展不均衡，产业布局混乱。峨眉山市域以山地为主，平原面积仅占12%，山区与平坝地区的经济发展和城镇化水平差异较大；当前，峨眉山市域山区乡镇以农业、种植业和资源型产业为主，平坝地区乡镇各自发展工业项目，造成产业类同、布局混乱等问题，对旅游地区的环境和景观造成了负面影响。三是城市旅游职能薄弱，建设水平有待提升。峨眉山市区是在清代峨眉古城的基础上发展而成，由于历史上城市发展定位不清和重视不够，仅作为风景区的服务基地考虑，缺乏城市历史片区的保护理念，城市的旅游服务、绿地开敞空间和设施配套严重不足，景观风貌亦未能体现旅游城市的特色。城市与旅游的割裂发展，导致城市发展模式的选择在旅游和工业间左右摇摆，城市建设水平的滞后制约了该地区旅游业的提升发展（图4）。

三、战略研究要点

（一）城山发展总体战略与发展定位

立足峨眉山市的资源现状特征和区域发展条件等因素，同时考虑城市与风景区的关系和城市的主体职能，战略研究提出"遗产保护优先、旅游主导、特色发展"的总体发展战略。同时提出以下发展目标：

1. 大峨眉文化旅游目的地
立足佛教名山、遗产观光、峨眉文化、休闲度假、会奖节事、宗教养生、生态山居等优势旅游资源，整合区域和市域旅游资源，打造国际大峨眉文化旅游目的地。

2. 国际风景旅游城市
依托峨眉山双遗产，整合市域旅游资源，提升城市职能和品质，建设国际风景旅游城市和国际峨眉文化旅游目的地。

3. 国家旅游综合改革试验区
因借国家旅游发展态势，争取政策，先行先试，建设国家旅游综合改革试点和示范区。

4. 成都城市群特色增长极
加强区域协调，依托区域设施提升，建设成为川西南旅游核心和四川省特色旅游目的地。

同时，战略研究重点明确了区域协调、产业发展、遗产保护、旅游发展和城山统筹发展五大战略，在此基础上明确了空间发展的策略和优化方案。

（二）城山统筹发展引导策略

1. 强化遗产地的保护职能，疏解其旅游服务职能
严控遗产核心区内服务设施规模和建设总量，严禁核心景区内的开发建设，逐步将遗产核心区的一般服务设施向中心城区转移，提升遗产区内的生态环境水平和景观风貌。

2. 高标准建设中心城区，优先建设旅游服务中心区
按照国际风景旅游城市标准提升中心城区的建设水平，打造具有峨眉文化特色的旅游目的地城市；完善城区旅游空间布局，支撑旅游产业转型升级。

3. 加强城山互动发展，控制过渡地带的建设
加强城山的生态环境联控和基础设施共享，完善城山旅游通道和景观廊道建设；在中心城区和风景区周边预留居民调控发展用地；在用地供应和调控等方面，城山之间应做到堵疏结合，协同管理。

4. 架构城山协调发展平台，创新城山协调发展机制
加强城山协调机制的研究，理顺管理机制，构建城山规划协调委员会机制，促进峨眉山风景区和峨眉山市的协调发展。

（三）城山职能定位

峨眉山风景名胜区主体职能：遗产地和风景名胜区保护、游览组织与管理。

峨眉山市中心城区主体职能：旅游服务中心区、市域中心城市；承担旅游综合服务、现代服务业中心、城市公共服务等职能。

（四）旅游服务设施统筹布局

根据城山职能定位的引导策略，战略研究以生态容量分析和风景资源保护为前提，在旅游发展和床位需求预测的基础上，对峨眉山市区及周边和风景区的旅游服务设施和床位数进行合理分配和引导，并作为统筹城山协调发展的重要内容。

四、遗产地与风景区规划要点

（一）遗产地与风景区保护策略

1. 立足区域，协同保护发展大峨眉地区

根据生态环境保护和生态多样性专题研究和地质地貌专题研究，战略研究在分析历史文化演替和文化遗存分布、视觉景观敏感性分析的基础上，提出打破行政界限，协同保护世界遗产地，推动大峨眉地区的发展。

2. 保护优先策略

根据遗产公约"真实性"和"完整性"的保护原则，以及风景名胜区"科学规划、统一管理、严格保护、永续利用"的指导方针，提出保护优先的发展策略。

3. 彰显双遗产的资源价值，提升国际影响力

充分挖掘峨眉山遗产地的风景资源、生物多样性、文化展示、科普教育等多维度的资源属性，加强国际营销，提升峨眉山品种影响力。

4. 城山统筹、协调发展

立足城山整体格局，明确风景区的主导职能，疏解遗产地内的过度居民社会建设和旅游服务设施建设，改善搬迁改造与保护相矛盾的现状建设，提升遗产地的品质和游赏氛围。

5. 打造佛教名山旅游文化，传承传统朝拜方式

整合提升峨眉山的佛教文化资源，恢复传统朝拜庆典和经典朝圣步道，塑造峨眉山特色佛教文化。

（二）遗产地与风景区范围界定

鉴于峨眉山风景区和遗产地的范围划定缺乏协调，并且多次调整，导致目前管理和保护措施不够明确。以世界遗产地保护为前提，结合国家对风景名胜区规划编制的要求，战略研究提出立足资源、遗产边界协调和定位明晰的范围调整原则，提出以下战略要点。一是遗产核心区与风景区核心景区相一致；二是风景名胜区依据资源完整性和发展实际进行微调，并提出了两个比选方案；三是遗产缓冲区与风景区外围保护地带协调一致。延续原遗产地

图 4　现状用地拼合分析图
图 5　风景区与遗产保护模式图
图 6　峨眉山风景区规划界线图

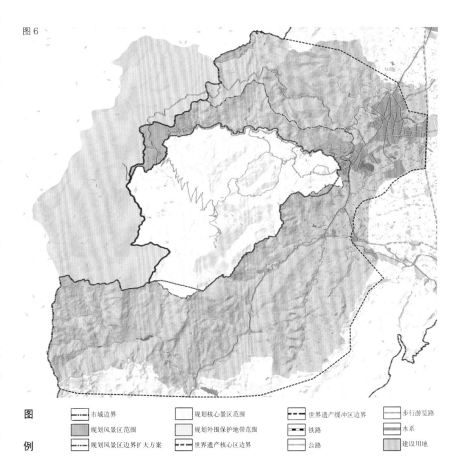

图 5

图 6

图例

—·—·—　市域边界　　□　规划核心景区范围　　–·–·–　世界遗产缓冲区边界　　═══　步行游览路

▨　规划风景区范围　　▨　规划外围保护地带范围　　■■■　铁路　　═══　水系

—···—　规划风景区边界扩大方案　　═══　世界遗产核心区边界　　═══　公路　　■　建设用地

缓冲区划定方案，将风景资源和生态有关联的部分洪雅片区纳入遗产缓冲区范围（图5）。

五、城乡空间发展格局引导

基于上述认知，战略研究重点在市域和城山重点片区两个层面提出了空间发展战略引导格局，并作为遗产与风景区保护、城市空间拓展的前提和基础。

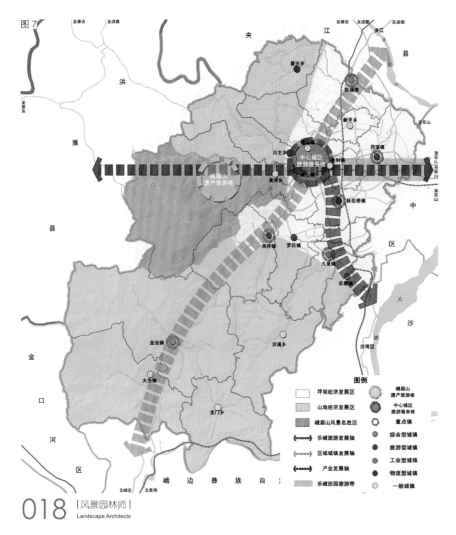

图7

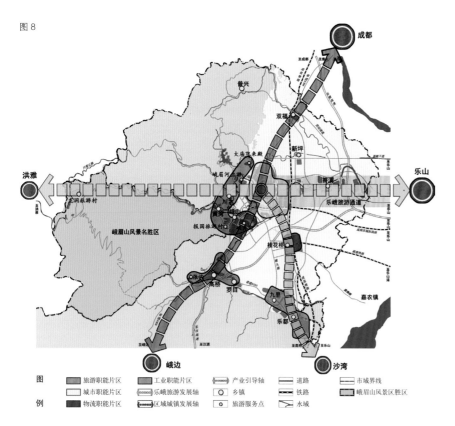

图8

图例 旅游职能片区 工业职能片区 产业引导轴 道路 市域界线
城市职能片区 乐峨旅游发展轴 乡镇 铁路 峨眉山风景区胜区
物流职能片区 区域城镇发展轴 旅游服务点 水域

（一）立足市域优化产业与城镇空间格局

以市域生态安全格局构建和遗产保护区划为前提，在市域产业空间布局和优化、旅游空间布局和现状城镇分布的基础上，战略研究提出双核、三区、三轴、多中心的市域空间发展格局。其中，峨眉山风景区作为遗产旅游核心，中心城区作为旅游服务核心；市域划分为峨眉山风景名胜区、坪坝经济发展区和山地经济发展区；成都—峨眉山—峨边—昆明作为区域城镇发展轴线，乐山—峨眉山—洪雅—雅安构建为整合区域旅游资源的旅游发展轴线，峨眉山—九里镇、乐都镇—沙湾—乐山为市域产业优化的引导轴。同时，提出依托乐峨旅游发展轴，以峨眉河为纽带，提升东部片区的高端服务业和旅游通道建设；依托产业引导轴，提升桂花桥镇的物流业，将九里镇和乐都镇作为市域产业集聚发展区。

（二）城山协调发展格局引导

根据城山职能定位和生态安全格局本底，战略研究统筹引导中心城区、周边乡镇和风景区旅游服务基地的空间发展格局，提出"3+7"的空间发展策略，即老城、城东和河北三个城市职能片区，以及峨秀湖、大庙飞来殿、川主—峨眉河、张沟—高桥—罗目、报国寺、黄湾和龙洞等7个旅游服务片区（图7～图9）。

在空间发展战略方面，重点提出以下城山协调策略：一是避免摊大饼的城市空间拓展模式，强调生态和景观优先、组团发展的布局理念；二是统筹考虑城市及周边重点片区和风景区内的服务基地布局，促进城山的协调发展；三是突出旅游城市空间特色，体现旅游主导，兼顾城市职能和旅游职能空间的协调布局；四是深化风景区外围保护地带的利用，提出分片区引导策略，在风景区外围预留居民社会调控用地，在城市近邻风景区的城市职能片区，规划预留风景区居民调控安置的保障性住房。

六、结语

（一）正确辨识城山关系是规划研究的前提和关键

对于城市紧邻风景区而言，应统筹考虑风景区的资源特性、生态和景观的完整性，应以核心风景和生态资源保护为前提，统筹发挥风景区的多重功能属性和提升城市发展的作用，同时应避免风景区的公园化、商业化、城市化、异质化、斑块化和破

图9

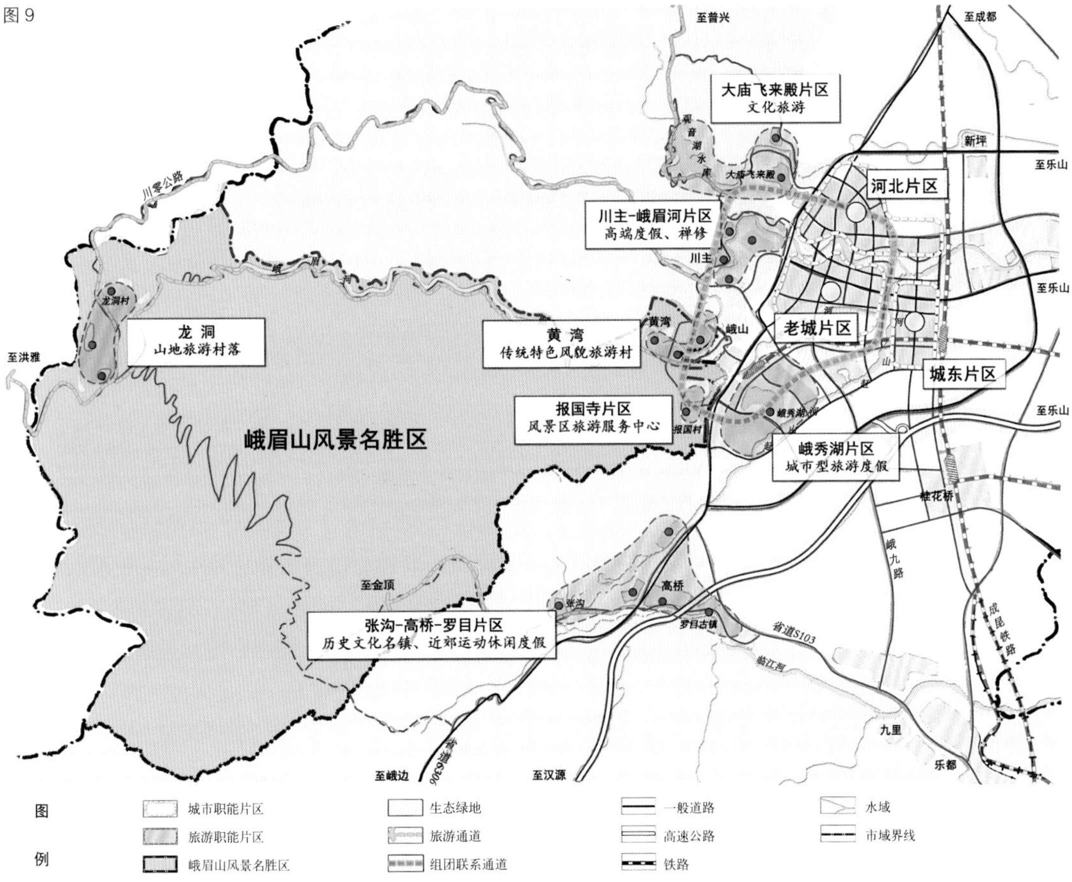

至普兴

至成都

大庙飞来殿片区
文化旅游

新坪

至乐山

川主-峨眉河片区
高端度假、禅修

川主

河北片区

至乐山

老城片区

龙洞
山地旅游村落

至洪雅

黄湾
传统特色风貌旅游村

城东片区

至乐山

峨眉山风景名胜区

报国寺片区
风景区旅游服务中心

峨秀湖片区
城市型旅游度假

桂花桥

张沟-高桥-罗目片区
历史文化名镇、近郊运动休闲度假

高桥

罗目古镇

省道S103

临江河

至峨边

至汉源

九里

乐都

图例

城市职能片区　　　　生态绿地　　　　　一般道路　　　　　水域

旅游职能片区　　　　旅游通道　　　　　高速公路　　　　　市域界线

峨眉山风景名胜区　　组团联系通道　　　铁路

图7　市域空间结构图
图8　城山重点片区发展引导图
图9　城市与风景区协调发展格
　　　局引导图

碎化等负面倾向，确保风景资源的永续利用。

对遗产地风景旅游城市而言，应遵循旅游发展的规律，转变围绕遗产地和风景区的单极点发展模式，科学引导风景区和旅游城市的职能定位，避免遗产地承担旅游服务中心、城市与风景区割裂发展的格局，应整合城市和遗产地的发展，并促进该地区旅游业的提升转型。

重视城市和风景区之间过渡地区的研究，依据生态格局和风景资源分布，科学划定风景区外围保护地带范围，发挥其区位特点和优势，合理引导该片区的保护利用，促进旅游城市与风景区的协调发展。

（二）通过战略研究统筹城山关系，构建协调平台，促进城山协调发展

峨眉山市与峨眉山风景名胜区具有其自身的特性，也具有我国名山名城的典型性。在规划编制和管理等方面，如何避免城山的割裂发展已成为当地

主管部门和民众的共识。本次规划编制采取"1+2"的探索模式，期望在空间发展战略研究的基础上，架构城山协调和发展的平台，为城市总体规划和风景名胜区规划两个法定规划的编制奠定基础，扭转城市和风景区各自为政、割裂发展、城山恶性相争的现状，构建城山一体、辅车相依、城山融合发展的长远框架，促进城市和风景的协调可持续发展。

项目组成员名单

项目主管总工：官大雨　戴　月

项目主管所长：贾建中

主管所主任：王东宇　唐进群

项目负责人：王　斌　高　飞

风景区编制组：邓武功　于　涵　刘颖慧　叶成康等

城市总规编制组：王　斌　高　飞　刘颖慧　武旭阳

　　　　　　　　王　璇　魏祥莉　陈笑凯等

项目演讲人：王　斌

风景名胜

四川省阿坝州茂县国际高山滑雪场规划初探

四川省城乡规划设计研究院／黄东仆　王亚飞　王荔晓　张孝龙

风景一词出现在晋代（公元265～420年），风景名胜源于古代的名山大川和邑郊游憩地及社会选景活动。历经千秋传承，形成中华文明典范。当代我国的风景名胜区体系已占有国土面积的1%（9.6万km²），大都是最美的国家遗产。

一、项目的提出与前期分析

（一）基本情况

九鼎山—文镇沟大峡谷是四川省省级风景名胜区，位于阿坝藏族羌族自治州茂县境内，距成都市公路里程约140 km（图1）。风景区规划面积345 km²。风景区地处四川盆地与青藏高原过渡带，区内山高峡深、雪山群峰环列、彩林花丛密布，高山海子娇柔妩媚、高山草甸广袤宽阔，山顶四季积雪，盛夏不消（图2）。

风景区发展具有以下优势：

（1）区位及交通优势突出：风景区处于九环线上，往来国际、国内游客众多；距成都这一国际旅游城市、西部旅游交通枢纽城市约2小时的车程。风景区交通便利，国道213线以及建设中都汶高速、汶九高速、茂绵高速、成兰铁路从风景区周边经过。

（2）自然生态优越：风景区内负氧离子浓度极高，PM2.5长期低于50。雪季运营期内，70%的天数太阳高照，白天气温可达25℃，夜晚约为零下10℃。夏季凉爽、适宜避暑。风景区光温条件突出也使区内苹果、大樱桃、红脆李等农副产品品质极高。

（3）立体分布的多类型景观：风景区景观具有立体分布的特征，从高至低形成垂直的景观竖向结构：高山群峰地貌景观—高山草甸景观—杜鹃灌丛植被景观—海子溪流瀑布景观—植被季相景观—民居风情景观，十分适于开展四季旅游（图3）。

（4）经受住了"5·12"汶川大地震考验：风景区虽处于"5·12"汶川特大地震极重灾区茂县境内，但风景区灾损则较轻，究其原因为风景区所在的九鼎山西坡总体上为一大型缓坡山地，这一稳定的地形支撑结构大大减轻了地震对景区的破坏。

风景区发展劣势为：游览活动区主要集中于海拔2400～3500 m之间，海拔偏高；现状交通、旅宿、给水排水、电力电信等基础设施薄弱，需要投入的资金量大。

（二）项目的提出

2007年5月，景区当时仅为尚未开发的户外游圣地，独特的高山草甸风光、原始森林多样植被吸引了大批驴友前往徒步活动，风景区管理部门正在积极思考如何在保护前提下利用好这一资源；同时一个国际知名滑雪场建设专家与国内机构组成的团队正在成都周边遍寻可供建设国际滑雪场的山地，当他们看到九鼎山这一大型高山缓坡地带时，眼前一亮，就是这里（图4）！

图1

图 1 区位关系图
图 2 风景区实景照片

图 2

图3

图4

（三）项目前期分析

一个成功的滑雪场须具备4个成功要素：山好、雪好、交通好、市场好。

山好：能够开发出高质量的雪道和相应规模的度假村，能满足目前和将来市场的需求。风景区大水沟、鸡公山、青龙坪一带约30 km²的缓坡地带可供建设滑雪场，全部建成可形成约36 km滑雪道，是亚洲商业滑雪场中唯一连续滑降落差超过1200 m的滑雪场，满足全亚洲初、中、高级市场需求。在2400～3100 m之间的足粑邑、青龙坪、卧龙池一带约1 km²的区域地势开阔、平缓，坡度小于10%，十分适宜建设滑雪旅游镇（图5）。

雪好：九鼎山冰雪资源较丰富，雪为颗粒雪，雪质非常好。积雪从10月中旬至次年4月上旬，可达180天左右。冬天滑雪场气温足够低，又有充足的水源，当天然雪量不足时，可以大量人工造雪，所需造雪用水完全满足。

交通好：成都至茂县高速贯通后，可实现2小时及时到达项目所在地，在国际级大型滑雪场与中心城市之间距离和到达时间指标上都具有较强的竞争力。

市场好：根据对滑雪市场的调查表明：占城市总人口25%的人一生中将会去体验一次滑雪，而这25%的人中将有1/3成为永久滑雪者（每个冬季都要多次重复滑雪的人），最终约占总人口的8%。据统计，滑雪场建设前的2010年仅成都、绵

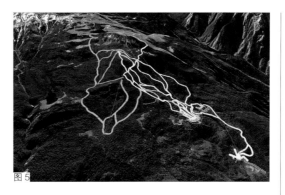

图5

阳、德阳、重庆四地的城市人口规模就达5386万，可推算一次性体验滑雪人数可达1346万人次，市场规模达40亿元；多次性滑雪者人数可达330万人次，每个滑雪季的规模就可达387亿元（表1）。中、远期还可辐射东南亚乃至整个亚洲区域，市场前景十分乐观（表2）。风景区除了可滑雪外，春可观花、夏可避暑、秋可观彩林，冬季可在阳光下赏白雪皑皑，四季可游，床位利用率高。九鼎山具备"好山、好雪、好到达、好市场"四大要素，前景乐观。

二、规划路径

首先编制风景名胜区总体规划，并在总体规划中落实滑雪场及旅游镇选址、规模等事宜。风景区总体规划批复后编制滑雪场旅游镇的详细规划及滑雪场对风景名胜区影响专题论证，因滑雪场涉及宝

图3 风景区景源分布图（2012年）
图4 滑雪场勘查现场
图5 滑雪场规划示意图

九鼎山滑雪场市场分析　　　　表1

城市与人口	一次性市场				多次性市场			
	体验滑雪比例	体验滑雪人数	平均消费（元／天）	小计（亿）	永久滑雪人口比例	永久滑雪者人数	平均消费（以每年冬天滑雪3天，每天300元计）	小计（亿／冬季）
成都 1149万	25%	2872750	300	8.62	8%	919280	900	8.27
绵阳 544万	25%	1361750		4.09	8%	435760		3.92
德阳 389万	25%	973000		2.92	8%	311360		2.80
重庆 3303万	25%	8258625		24.78	8%	2642760		23.78
合计		13466125		40.40		3309160		38.78

项目市场辐射范围　　　　表2

分期名称	市场辐射范围（车、航程，小时）	辐射市场
第一期	8小时	中国大陆
第二期	10小时	中国大陆、香港、澳门、台湾，以及韩国、日本等周边国家或地区
第三期	11小时	全亚洲

顶沟自然保护区部分实验区区域，还须同步编制自然保护区生态旅游规划。待上述规划编制完成后，再行编制其他相关部门的法定规划，如滑雪场环境影响评价报告、水土保持方案、使用林地可行性报告、建设性项目可行性报告等。

三、风景区总体规划简介

（一）风景区性质

风景区性质确定为：九鼎山—文镇沟大峡谷风景名胜区属山岳型，以高山及峡谷景观为主体，以雄山、秀水、繁花、茂林、幽谷为景观内容，以高山体育运动为功能特色，供体育运动、度假休闲、旅游观光的省级风景名胜区。

（二）功能布局

1. 三片

生态保护区：主要位于风景区的高山地带，包含风景区内的宝顶沟省级自然保护区九鼎山片区内的核心区和缓冲区范围，以及风景区内的九顶山自然保护区核心区区域。该区域以森林生态保护为主，其山峰和森林构成展示游览的背景景观，面积为 138.5 km²。

展示游览区：位于风景区的中山地带，为风景区内游客游览的集中区域，可开展生态旅游、旅游观光、山地运动、休闲度假、文化体验等活动。面积为 156.7 km²。

景观协调区：位于风景区的低山地带，该区域为居民生产、生活的集中区域，结合藏羌民族风情和生态农业产业可开展独具特色的乡村旅游活动。面积为 50.6 km²。

2. 四景区

4 个景区为：黑龙池景区、文镇沟景区、白水寨沟景区、宗渠沟景区。滑雪场处于黑龙池景区内（图 6）。

（三）保护分级

风景区保护分级划分为特级保护区、一级保护区、二级保护区、三级保护区。

滑雪场处于规划的三级保护区内，规划要求区内的旅游服务设施、游览设施、交通设施、基础工程设施均须进行详细规划和设计，经有关部门批准后严格按规划实施；详细规划必须符合总体规划精神，区内建设要控制设施规模、建筑布局、层高体量、风格、色彩等，并保持与风景环境的协调。基础工程设施必须符合相关技术规范和满足环保要求；必须配置完整的治污设施，禁止可能造成环境污染项目的设立（图 7）。

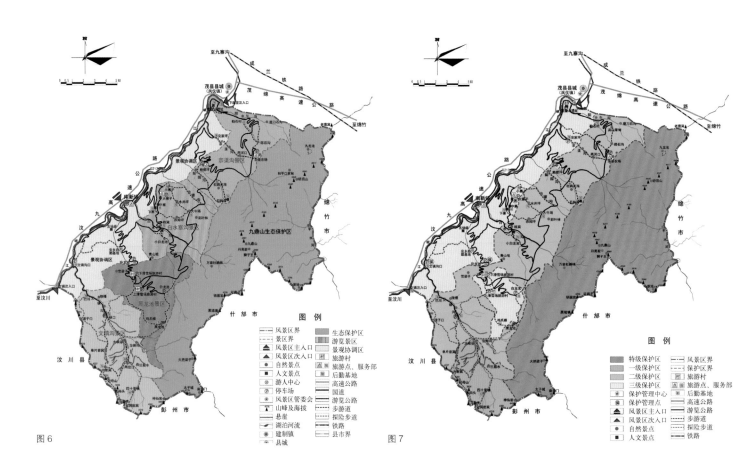

图 6

图 7

（四）旅游设施布局

风景区的游览设施以风景区内配置和外围依托相结合。风景区内以滑雪场旅游镇为主要支撑，形成旅游镇、旅游点、服务部的三级布局方式。外围依托为紧邻风景区的茂县县城。

（五）游览主题

依据风景区景观资源特色，针对市场需求，规划了五类专题游览，根据市场和季节变化适时推出，分别是：生态度假游、山地运动游、地质科考游、山水文化专题游、乡村文化体验游（图8）。

（六）总体规划对滑雪场要求

滑雪场处于黑龙池景区内，该景区定位为高山运动区，以"高山滑雪"为主题，以滑雪运动、山地休闲度假、生态观光为主要游赏内容。滑雪场旅游镇设于黑龙池景区的滑雪场中山台地上，滑雪场及旅游镇属风景区的三级保护区（图9）。

规划将九鼎山滑雪场定位为发展成高品质的国际高山滑雪场，滑雪场旅游镇则作为国际高山滑雪场的接待服务基地和休闲度假基地。

根据地形地貌，规划滑雪场旅游镇由上滑雪场旅游村和下滑雪场旅游村两部分组成。下滑雪场旅游村主要为游客提供景区公共服务，如景区接待中心、停车场、直升机停机坪、旅游对外客运站、度假宾馆、基础设施集中处理等，上滑雪场旅游村主要为游客提供滑雪及度假服务设施，如滑雪道、滑雪索道、造雪设施、度假宾馆、营地、餐饮、购物、娱乐、保健等。

用地规模：滑雪场所在的黑龙池景区 35 km²，滑雪场旅游镇面积约 1 km²。

接待床位规模：4000 床。

四、滑雪场旅游镇详细规划简介

（一）规划目标

九鼎山国际高山滑雪场规划目标：以高山滑雪运动为的品牌，以滑雪场为旅游支撑，建设可承办世界级赛事的国际性大型滑雪场，以期达到国内顶级、国际一流的高标准竞技滑雪场和以滑雪为主要特色、生态观光为辅的高端冰雪度假休闲目的地。

滑雪场旅游镇规划目标：风景区内为滑雪旅游、休闲度假服务，为有 4000 床接待床位的高品质冰雪度假休闲接待服务区，同时满足其他季节的避暑、观光游的需求。

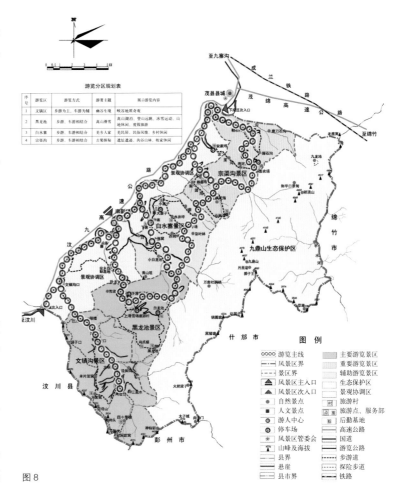

图8

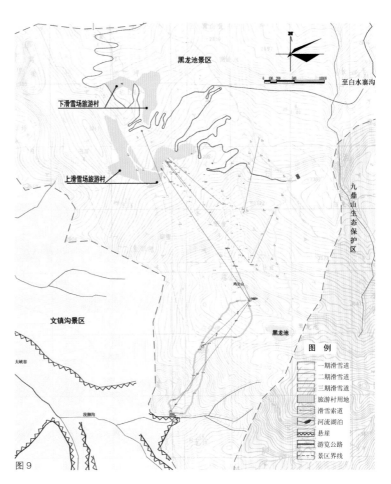

图9

（二）规划构想

为尽可能保护规划区本底的自然和景观格局，本次规划采用"隐于自然"的理念，沿袭四川山地聚落布局模式，规划区四周的山体、林地被作为背

图 10

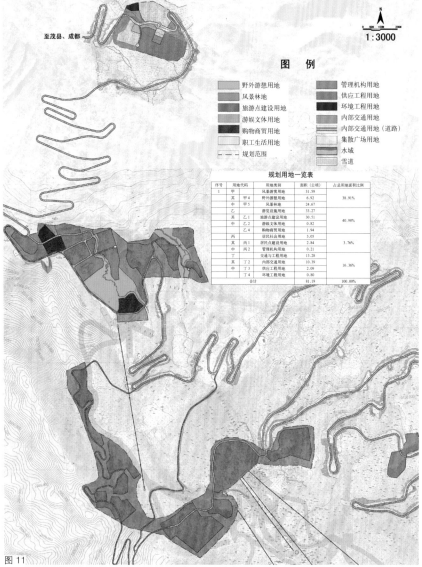

至茂县、成都

N

1:3000

图 例

野外游憩用地　　　　　管理机构用地
风景林地　　　　　　　供应工程用地
旅游点建设用地　　　　环境工程用地
游娱文体用地　　　　　内部交通用地
购物商贸用地　　　　　内部交通用地（道路）
职工生活用地　　　　　集散广场用地
规划范围　　　　　　　水域
　　　　　　　　　　　雪道

规划用地一览表

序号	用地代码		用地类别	面积（公顷）	占总用地面积比例
1	甲		风景游赏用地	31.59	38.91%
	其中	甲4	野外游憩用地	6.92	
		甲5	风景林地	24.67	
	乙		游览设施用地	33.27	40.98%
	其中	乙1	旅游点建设用地	30.51	
		乙2	游娱文体用地	0.82	
		乙4	购物商贸用地	1.94	
	丙		居民社会用地	3.05	3.76%
	其中	丙1	居民点建设用地	2.84	
		丙2	管理机构用地	0.21	
	丁		交通与工程用地	13.28	16.36%
	其中	丁2	内部交通用地	10.39	
		丁3	供应工程用地	2.09	
		丁4	环境工程用地	0.80	
			合计	81.19	100.00%

图 11

景加以保护，使山际轮廓线不受影响，山体形态不受改变；建设区域则呈组团式散布于平地、山林、台地、沟谷，以融入自然环境之中（图10）。

规划区分为入口服务区、上滑雪场旅游村和下滑雪场村三个片区。

入口服务区位于卧龙池山口处的缓坡地，布置入口管理服务功能。规划尽可能保留区内的杨树林植被景观和溪流景观，利用区域内的现状杂灌林地综合布置滑雪场的入口、游人中心、售验票点、生态停车场、景区管理、职工生活区等功能，形成滑雪场良好的入口形象。

上滑雪场旅游村与滑雪道联系最为紧密，有多条滑道联系或穿越各地块，滑雪爱好者可以滑雪进入主要的宾馆区域，因此，上滑雪场旅游村主要接待多日游的滑雪爱好者；下滑雪场旅游村海拔相对较低，依托黑龙池景区的异于成都平原的高山气候以及杜鹃花、高山草甸、色叶林、雪峰等四季景观，开展以避暑度假为特色的四季旅游接待服务，此外下滑雪场旅游村在冬季主要接待一日游的戏雪游客。上、下滑雪场旅游村通过道路和滑雪道将连成一个整体（图11）。

（三）功能分区

依据利用方式，规划区共划分7个功能区。上滑雪场旅游村包括滑雪接待区、山地接待区和供应设施区；下滑雪场旅游村包括戏雪接待区和森林接待区；卧龙池入口区包括入口服务区和职工生活区（图12）。

五、滑雪场重大项目论证

（一）论证目的

九鼎山—文镇沟大峡谷风景名胜区属省级风景名胜区。由于"九鼎山国际高山滑雪场建设项目"位于风景区内，因此本报告的主要目的是依据国家有关法规、规范、标准要求，分析该建设项目对九鼎山—文镇沟大峡谷风景名胜区的风景资源、植被动物、生态环境、视觉空间、地质环境、基础设施等方面的影响，从风景保护角度出发，对方案提出研究结论，并对因项目建设产生的不利影响提出恢复措施（图13）。

（二）影响评估论证

滑雪场影响评估论证见表3。

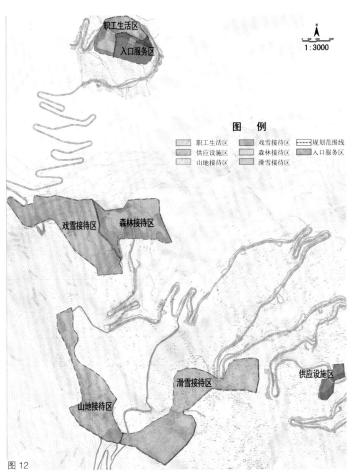

图 12

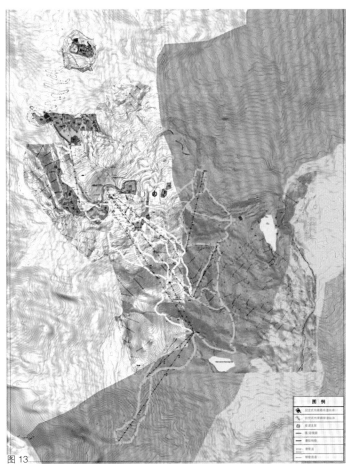

图 13

图例

职工生活区	戏雪接待区
供应设施区	森林接待区
山地接待区	滑雪接待区

规划范围线
入口服务区

影响评估论证表　　表3

	影响项目	结论	备注
	政策法规	符合	
景观环境	景观资源	一定影响	主要是对杜鹃的影响，但影响数量较少
	景观视线	轻微影响	施工期内对途经的游客有影响，施工结束即会消除
	景观风貌	轻微影响	存在于施工期内，施工结束即会消除
生态环境	陆生植被	一定影响	工程结束后及时进行迹地恢复，可将影响降低到最低
	动物	一定影响	加强管理，严禁捕杀
	水土涵养	轻微影响	严格执行"水土保持方案"
	水环境	轻微影响	加强管理，采取措施降低影响
	环境空气	轻微影响	存在于施工期内，施工结束即会消除
游览	游览交通	轻微影响	开辟临时步行游览通道绕开施工区域
	游览组织	较大影响	属有利影响
	地质环境	一定影响	采用工程技术手段降低对地质环境的影响
	临时工程	轻微影响	加强方案设计，加强管理，降低影响

（三）论证结论

通过上表可以看出项目建设对九鼎山—文镇沟大峡谷风景名胜区的景观环境、生态环境、地质环境等均有不利影响。在具体实施过程中可通过方案优化、技术优化、工程技术手段、加强管理等措施降低影响，并且大部分影响施工结束即会消失，部分影响通过迹地恢复等措施将降低到最低程度或随着时间逐步消失。

本次论证认为，"九鼎山国际高山滑雪场建设项目"对风景区的景观环境、生态环境等有一定的影响，但是在可控范围内，因此项目建设是可行的。

图10　滑雪场及旅游镇意境图
图11　滑雪场旅游镇用地布局图
图12　滑雪场旅游镇功能分区图
图13　九鼎山国家高山滑雪场项目总体规划图

六、规划审批和实施

(一)项目审批

《九鼎山—文镇沟大峡谷风景名胜区总体规划》于 2012 年 3 月 22 日通过了四川省住房和城乡建设厅组织的专家评审,经修改完善,于 2012 年 9 月由四川省人民政府批复同意实施。

《茂县九鼎山国际高山滑雪场旅游镇详细规划》和《茂县九鼎山国际高山滑雪场建设项目对九鼎山—文镇沟大峡谷风景名胜区的影响评估论证报告》于 2013 年 1 月 24 日同时通过了四川省住房和城乡建设厅组织的专家评审,经修改完善,于 2013 年 5 月由四川省住房和城乡建设厅批复同意实施该详细规划,滑雪场建设项目也取得了"项目选址意见书"。

(二)项目实施情况

经过近两年的建设,九鼎山滑雪场按照规划现建成 3 条高级道、2 条中级道、3 条初级道、5 条戏雪道,合计 4km 雪道,以及配套的雪具大厅、鹤鸣庄度假酒店、餐厅、大型停车场,日可接待滑雪者 5000 人次,已成为在川渝两地滑雪爱好者的新天地。无论是青年人还是老人、小孩,无论是滑雪达人或是滑雪菜鸟都能在九鼎山滑雪场玩得尽兴(图 14、图 15)。

项目组成员名单
项目负责人:黄东仆
项目参加人:王亚飞　王荔晓　张孝龙

图 14　滑雪场实施现状图
图 15　滑雪场实景照片

图 14

雪道起点　索道上站
C1滑雪道 长度1100m 平均坡度20.9%
C2滑雪道 长度1300m 平均坡度17.7%
夫妻林
白龙池方向
九顶山主峰方向
B2滑雪道 长度180m 平均坡度23.3%
单板公园
C3滑雪道 长度300m 平均坡度37.8%
B1滑雪道 长度120m 平均坡度15.6%
集中区　索道下站
A3滑雪道 长度150m 平均坡度6.7%
餐厅
鹤鸣庄假日酒店 上雪具大厅
长度150m 平均坡度7.5%
A2滑雪道
A1滑雪道 长度180m 平均坡度8.3%
月牙湖
步行通道
出发区
下雪具大厅(二楼餐厅)
A11戏雪道 长度90m 平均坡度12.5%
停车场
上山方向
下山方向

天然湖
滑雪魔毯
初级道
中级道
高级道
集中区
步行通道
公路
索道

图 15

原真性保护在风景名胜区详细规划中的探索

——以《西双版纳风景名胜区勐罕景区傣族园详细规划》为例

云南方城规划设计有限公司 ／ 李进琼　吴　翔

历史遗迹、传统村落、文化遗产等作为风景名胜区的重要景观要素，如何真实、全面地保存并延续核心文化资源的历史信息及全部价值，保护物质性的"物象"特征,体现历史延续和变迁的真实"原状"，将文化遗产的表现形式和内在文化意义统一起来，是风景名胜区规划的主要目标之一。

西双版纳风景名胜区是集优美的自然风光与传统村落等文化遗产为一体的国家级风景名胜区，随着旅游开发的深入，传统文化保护与开发需求的矛盾日益突出，如何实现核心资源的保护，实现民族文化的传承，同时有利于景区长远的发展，是大家都看到并一直纠结、争论的话题。在《勐罕景区傣族园详细规划》中，笔者从规划的现状分析、资源评价、规划结构构思、传统村落专项保护规划等方面对此作了一些探索。

一、规划背景

"傣族园"是西双版纳国家级风景名胜区勐罕景区的重要组成部分。地方政府按《风景名胜区条例》要求，在《西双版纳风景名胜区总体规划（2011～2025年）（修编）》的指导下，组织编制勐罕景区详细规划。以期具体落实傣族园的开发建设，确定景区的基础设施、旅游设施、文化设施等建设项目的选址、布局与规模，并明确建设用地范围和规划设计条件。

《西双版纳风景名胜区总体规划（2011～2025年）（修编）》对傣族园的规划定位是西双版纳风景名胜区内傣族文化风情展示最精华的区域，其傣族村落、田园、佛寺结构完整，主要开展民族文化、风俗体验旅游。现状傣族园为风景区二级保护区，管理政策以风景游览为主，区内可以建设与游览相关的建筑设施，但禁止建设宾馆、招待所、培训中

心等旅游住宿设施。允许开展民俗接待。外围为三级保护区（图1、图2）。

规划区内，曼春满村落已编制完成了《西双版纳州景洪市勐罕镇曼春满村传统村落保护与发展规

图1　傣族园在西双版纳风景名胜区的区位
图2　勐罕景区规划图

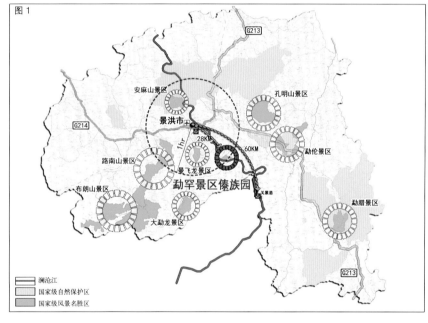

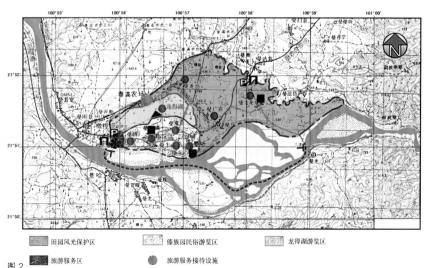

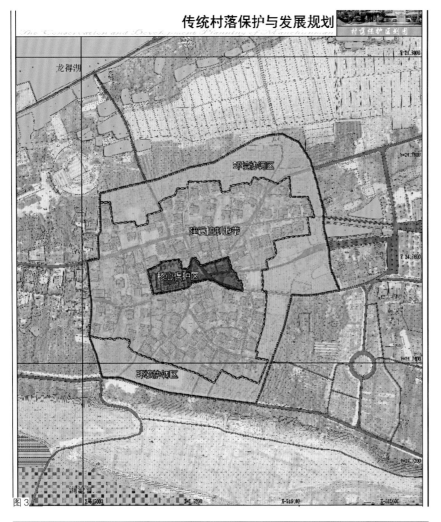

图3

图4

图5

划》（图3）。

本次详细规划依据上位规划，确定勐罕景区傣族园的功能定位，傣族园以千年傣寨风光、傣族风情、南亚热带湖光山色为资源本底；集民俗文化和宗教文化体验、观光娱乐、休闲度假功能为一体的风景点，是西双版纳傣族传统人文风情最精华的展示游赏地。

傣族园景观资源良好，江河湖泊、田园、傣寨景观聚落组合特色突出，村落格局和整体风貌保持完整，旅游现状以五寨展开，保留了良好的格局和风貌。然而潜在的威胁已经显露：商业化和空壳化的现象已经显现，如果进一步发展将导致村落格局遭到破坏；其次旅游服务设施正在影响或破坏传统村落风貌；同时建筑老化、村寨发展扩张带来的新建异化建筑也将破坏传统村落风貌（图4）。

在项目建设与旅游组织方面，已具备一定规模，但目前景区对少数民族文化内涵挖掘不够，缺乏体验性的民族文化旅游项目。现状的旅游组织与旅游方式缺乏与当地居民的结合。当地居民的旅游经营活动基本上处于自发经营状态，没有与景区的旅游经营统一，甚至有对立，造成当地居民的旅游收益不够，使居民难以对保护其民族文化和民居建筑充满热情，出现了一些异化的民居建筑，亟须加强引导（图5）。

二、原真性保护与主题型展示相结合的规划思路

原真性是国际公认的文化遗产评估、保护和监控的基本因素，1964年《威尼斯宪章》提出了"将文化遗产真实地、完整地传下去是我们的责任"，确认了原真性是定义、评估和监控文化遗产的一项基本因素及重要原则。

本次详细规划力求以自然空间界面为基底，保护传统村落原始本真以及文脉演变的多元信息，在原真性保护的基础上，寻求文化遗产的表现形式和文化意义的相互关联，开展主题型展示活动，将传统村落的空间与居民生活鲜活生动地展示给游人；寻求保护与发展的统一。

"基于原真性保护的资源展示"作为规划指导思想，从功能布局、空间塑造、展示模式、活动内容等方面贯穿整个规划。原真性保护成为主题型展示的创意来源及发展动力。

（一）原真性保护及主题型展示的尝试

傣族园里五个傣寨及千年佛寺，以表现傣文化真实、自然、鲜活的状态，形成景区核心资源。规划体现其文化的真实性，充分展现傣寨游赏的三个部分，即最核心的民族风情特色文化、独特吸引力的外在物质载体和优美和谐的外部环境。

规划将现状主体的商业、停车、娱乐、主题展演等服务及活动功能剥离出傣寨区域，布局于五寨北侧，与特色小城镇相互契合呼应，形成主题型游览区，以适度分离的"主题型展示与体验园"和"原生态保护的傣寨"形成完善的保护与发展格局。

北部以游览、娱乐、表演、展示等复合功能为主，开展主题型深度体验；南部以傣寨为载体，以傣族民居的丰富形态、佛寺深远的文化、居民多彩多姿的民俗活动、鲜活的生活状态进行原真性展示。两者结合，形成傣族园特色系列文化旅游活动。傣族园主题活动项目从五寨区域的分离使五寨区域原真性保护与体验得以实现，两个板块相互映衬，通过傣族园的丰富旅游业态突破其发展瓶颈。

（二）规划结构

依据规划构思提出环绕龙得湖形成"一核、两片、四区、五寨"的结构形态。

一核即龙得湖景观和游览活动核心。是南北两个游览区紧密联系的沿龙得湖岸开展的景观游览、文化体验环，使傣族园呈现向心的发展结构。

两片即主题型体验板块和原真性体验板块。北部以游览、娱乐、表演、展示等主要功能形成主题型体验板块；南部以佛寺、傣寨、民俗接待等为特色形成原真性体验板块。

四区为规划四个主要功能片，包括傣文化主题体验区、龙得湖水上活动区、傣寨原生态游览区、滨江景观区。

五寨即曼春满、曼听、曼乍、曼嘎、曼将五个傣族村寨，规划进行原真性保护，挖掘特色，形成五个各具特点的原味傣寨（图6～图9）。

（三）功能布局

傣文化主题体验区包括景区管理、游客服务中心、停车场等主入口服务功能，为开展傣族迎宾礼

节、赶摆活动、傣族文化展示、艺术展演、节庆活动、特色餐饮的主题型综合体验区。

龙得湖水上活动区依据龙得湖水资源条件，规划龙舟竞渡、水上表演等天天泼水节活动，形成以"泼水印象"旅游产品为特色，为游人提供狂欢、游览、观光、休闲、娱乐、餐饮等综合服务的区域。

傣寨原生态游览区以曼春满、曼听、曼乍、曼嘎、曼将五个傣寨为旅游主体，以傣族民居聚落景观、傣族人文风情、傣族南传佛教文化、民族节庆为特色，形成以休闲观光、文化体验等为主的全面展现傣族文化的游览核心。五寨根据历史文化、佛教文化等资源价值，在共性的基础上体现出各傣寨不同的形象。曼春满村寨依托1400年历史、在整个东南亚享有盛名的曼春满佛寺，着重体现佛国圣

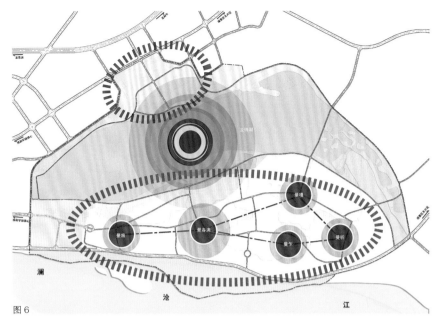

图6

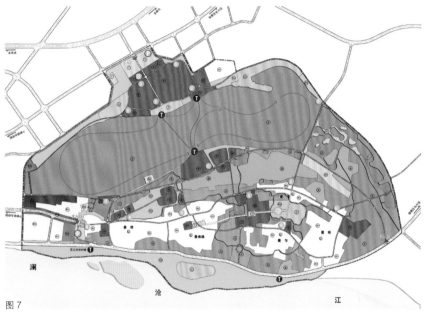

图7

图3 传统村落保护区划
图4 现状分析图
图5 龙得湖
图6 规划功能结构图
图7 用地布局规划总图

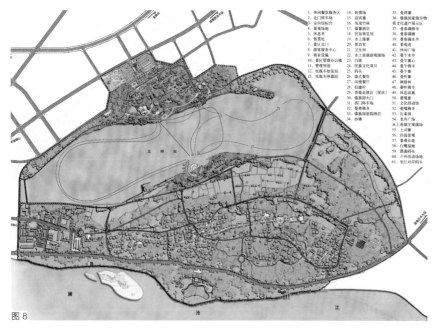

1. 休闲餐饮服务区
2. 北门停车场
3. 全向标志点
4. 景观亭
5. 售票处
6. 景区北门
7. 游客服务中心
8. 商业设施
9. 景区管理办公楼
10. 管理用房
11. 景观车停发站
12. 电瓶车停发站
13. 商业设施
14. 赶摆场
15. 迎宾寨
16. 凤尾竹林
17. 景观酒店
18. 民俗酒店
19. 水上傣寨
20. 更衣室
21. 卫生间
22. 水上表演副观演场
23. 土塔
24. 民族文化项目
25. 码头
26. 风情餐厅
27. 傣式餐厅（现状）
28. 傣族总酒店（现状）
29. 西门停车场
30. 曼将佛寺
31. 傣族度假酒店
32. 松建村
33. 傣族度假酒店
34. 沙滩
35. 曼将寨
36. 傣族国家级非物质...
37. 曼春满水井
38. 曼嘎佛寺
39. 曼春满傣寨
40. 曼嘎
41. 曼嘎寨
42. 曼乍水井
43. 曼乍寨
44. 曼乍佛寺
45. 曼听寨
46. 曼听佛寺
47. 禅修林
48. 寨心
49. 曼听傣寨
50. 土司庙
51. 曼嘎商业街
52. 北塔园
53. 龙竹园
54. 田园栈道
55. 白鹭湿地
56. 果林长廊
57. 白鹭湿地
58. 漂流码头
59. 漂流码头
60. 户外活动场地
61. 至江对岸码头

图8

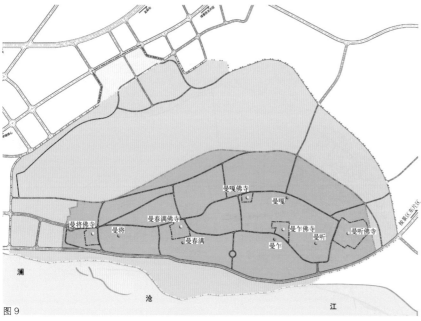

曼嘎佛寺　曼嘎
曼春满佛寺
曼将佛寺　曼将
曼春满
曼乍佛寺　曼乍
曼听
曼听佛寺

澜沧江

图9

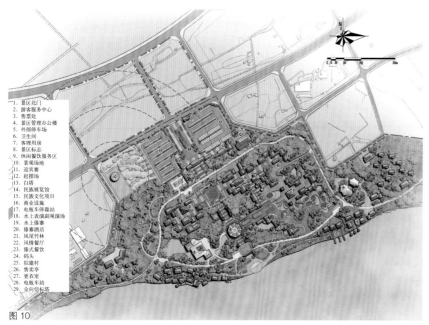

1. 景区北门
2. 游客服务中心
3. 售票处
4. 景区管理办公楼
5. 外部停车场
6. 卫生间
7. 客用用房
8. 景区标志
9. 休闲餐饮服务区
10. 景观场地
11. 迎宾寨
12. 赶摆场
13. 白塔
14. 民族展览馆
15. 民族文化项目
16. 商业设施
17. 电瓶车停发站
18. 水上表演副观演场
19. 水上傣寨
20. 傣族酒店
21. 凤尾竹林
22. 风情餐厅
23. 傣式餐饮
24. 码头
25. 拟建村
26. 售卖亭
27. 更衣室
28. 电瓶车站
29. 全向信号塔

图10

地氛围；曼听村寨结合中国目前唯一的南传上座部佛教止观禅修林，打造为傣家花苑；曼乍利用饮食文化的历史渊源，结合傣家稻作文化、谷神传说，开展傣族民间饮食文化展示活动；曼嘎规划建设为服务游人的特色商品村；曼将规划为果林傣寨，结合周围园地开展果林采摘、橡胶林割胶活动，让游客深入体验傣族文化。

在建设项目研究布局的基础上，依据分级保护对地块的容积率、建筑密度、建筑高度、绿地率等提出强制性控制要求，后续依法进行管理实施，实现傣寨群落原真性保护与旅游主题型展示的目的（图10～图12）。

三、基于原真性、完整性保护目的专项规划

除了原真性原则外，完整性原则也是国际公认的文化遗产的基本原则。规划遵循此原则，确定了保护对象，进行了传统村落保护区划、傣寨环境风貌整治规划、传统建筑的有机更新规划等。

（一）确定保护对象

保护对象包括物质文化及非物质文化保护两个方面。物质文化的保护需要正确认识传统村落的山水格局特征及聚落文化内涵，非物质文化保护需要明确非物质文化保护核心类型。傣族园的保护对象为集傣寨、佛寺、森林、田园、江河湖泊等为一体的曼春满、曼听、曼将、曼乍、曼嘎五个具有1400多年历史的傣寨群落；以傣寨为载体的傣族风俗民情、泼水节、傣族章哈、傣锦、象脚鼓舞、慢轮制陶、贝叶经、召树屯与喃木诺娜的爱情故事、傣剧、傣族剪纸、傣族手工造纸技艺等国家级非物质文化遗产，以及傣绷文、傣族人生礼俗等省级非物质文化遗产。

（二）传统村落保护区划

传统村落应整体进行保护，将村落及与其重要视觉、文化关联的区域整体划为保护区加以保护，村域范围内的其他传统资源亦应划定相应的保护区。曼春满佛寺为国家级重点文物保护单位，对于原真性及完整性要求严格，应按照文物保护法及国家相关保护法律法规进行保护。核心保护区主要为曼春满佛寺、曼将佛寺、曼乍佛寺、曼嘎佛寺、曼听佛寺、佛寺周边大青树、寨心等区域以及曼春满傣寨。建设控制区即是傣寨紫线保护范围，主要为曼听、曼春满、曼嘎、曼乍、曼将五个傣寨主体

区域。环境协调区为傣寨周围的林地、田园、龙得湖水域及北岸、澜沧江水岸等风景名胜区范围，以保护自然环境为主要内容，建设内容与周围环境协调。

本次规划从原真性、完整性总体保护的角度，统一规划，形成点、群等不同规模的保护体系，覆盖和协调已编制的保护区划。实现传统村落的历史真实性及其历史环境风貌的完整性、村落风貌和建筑遗产的原真性和其代表的时代遗存的识别性的保存和保护（图13）。

（三）傣寨环境风貌整治

风貌整治分为四类。保护与修缮针对文物保护单位和佛寺建筑。保留与改善针对规划中的传统建筑及新建、改建的与传统建筑风貌基本协调的民居建筑。改造与改善针对风景区内以及傣寨周边新建、改建的与传统风貌协调的旅游服务建筑。更新针对风景区北侧现状的木材加工厂等建筑风貌与风景名胜区不符的建筑（图14）。

（四）传统建筑的有机更新

随着民居建筑现代功能完善的需要，原住居民对传统的民居建筑有改造诉求，如何进行有机更新，提升现代生活设施品质，同时在设计、工艺、材料方面对传统建筑原真性进行延续是需要进一步研究的问题。

傣寨建筑主要分为佛寺建筑及民居建筑以及水井等构筑物。传统傣家建筑为了适应潮湿闷热的气候形成了以木结构、竹木为材料的干栏式建筑。随着现代生活设施的普及，传统的竹木的晒台逐渐由居民演化为砖混砌筑的晒台，建筑局部二层的卫生间、洗浴设施，依附在竹木结构的主楼一角，由于材料的不同以及形态的粗糙，对傣寨景观风貌有一定的影响。佛寺建筑在居民的自发更新中结构逐渐为砖混结构，外观等延续传统建筑，体现了变迁的过程。

规划通过强制控制建筑形式、外观、色彩、材质，提出民居改造系列方案措施，确保在传统建筑的更新过程中延续传统风貌（图15）。

（五）其他专项规划

景观风貌保护规划、景观资源保护规划、风景游赏规划、服务设施规划、环境保护规划、道路交通规划、建设控制规划、风景区与村镇协调发展规划依据傣寨原真性保护及主题型活动展示的规划来构思，进行统一规划（图16～图19）。

图11

图12

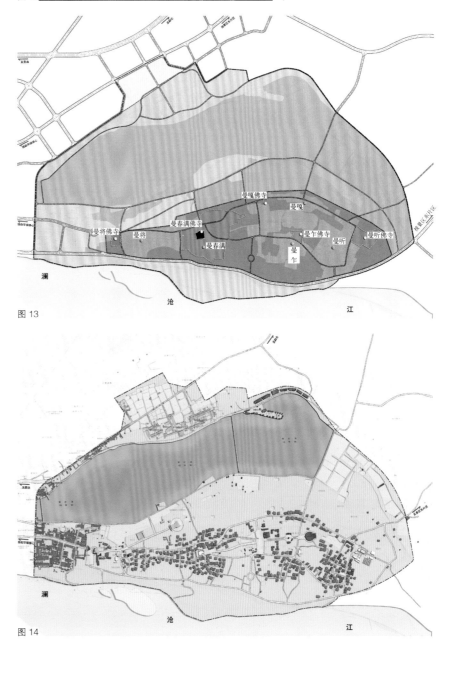

图13

图14

曼听

曼乍

曼春满

曼嘎

曼将

图 15

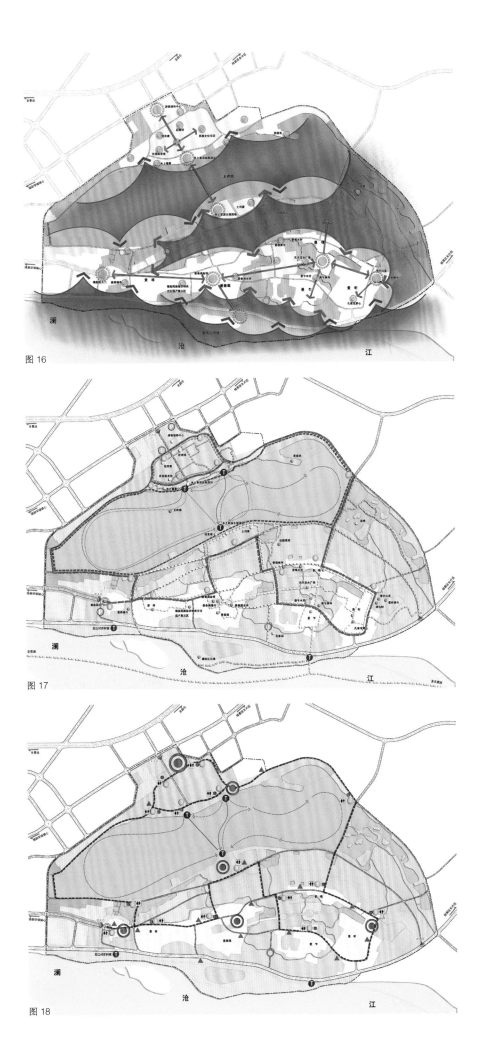

图 16

图 17

图 18

图 19　道路交通规划图
图 20　居民活动

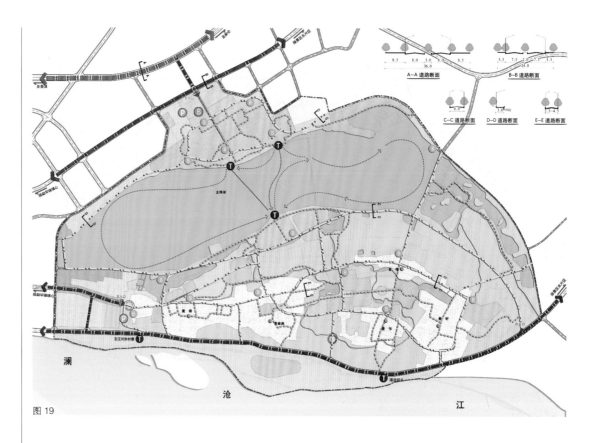

图 19

四、社区参与实现原真性保护

社区参与是实现原真性保护的重要环节，社区居民的经济来源具有一定的地域性特征，对于经济模式的改变社区居民应充分参与并具有话语权，才能真正实现原真性保护以及旅游的长久发展和文化传承。

建立的社区参与模式包括：统一规划，建设傣族园基础设施；租赁村民土地，建立管理单位与农户利益分享机制；引导村民参与发展旅游，村民就业与景区运营发展挂钩；对村民进行文化教育培训，引导村民发展各种产业，树立市场观念，关注教育，提升整体素质；通过各种措施保护傣寨内民居建筑、佛寺建筑，本着"共同保护，共同发展，共同受益"的原则，对景区所有村民实施与景区门票收入挂钩的资源保护补偿（图 20）。

五、总结

风景区资源保护与地方社会发展的关系一直是风景区规划工作者致力解决的问题，资源开发保护关系微妙，解决方式需要结合地域情况、资源特质等综合分析并不断优化。

本文通过《西双版纳风景名胜区勐罕景区傣族

图 20

园详细规划》案例研究探讨原真性保护思路在风景名胜区详细规划中运用，希望对风景名胜区规划起到借鉴作用。

项目主要参加人：吴　翔　李进琼　李雪雯

梵净山发展规划

北京中景园旅游规划设计研究院／季诚迁　梁伊任　蔡　君　李　涛

梵净山，位于贵州省铜仁市，原名三山谷，国务院于 1978 年将其确定为国家级自然保护区，1986 年成为全球"人与生物圈"保护区网的成员单位，保存有亚热带最完整的生物体系，是生态王国、世界基因宝库。梵净山系武陵山最高山体，主峰凤凰山海拔 2572 m，境内群峰高耸，溪流潺潺，"集五岳之奇险，幽秀而大气磅礴"。梵净山是中国黄河以南最早从海洋中抬升为陆地的古老地区，拥有 10 ～ 14 亿年前形成的奇特地貌景观，为北回归线山之寿星。得名"梵天净土"，是全国著名的弥勒菩萨道场，是与山西五台山、四川峨眉山、安徽九华山、浙江普陀山齐名的中国第五大佛教名山（图 1）。

尽管梵净山景区拥有多项世界级光环、多个国家级荣誉与名片，但由于种种原因，其旅游的开发和发展相对滞缓，到目前仅为国家 4 A 级景区，年接待游客数量尚未破百万，虽是中国地理名山，但并非旅游名山（图 2）。

新时期下，随着梵净山区域交通环境改善、旅游格局优化和政策环境利好等系列因素，梵净山旅游迎来快速发展的大机遇。为推动梵净山景区旅游跨越式发展和可持续发展，北京中景园旅游规划设计研究院承担梵净山旅游景区发展总体规划任务，为旅游开发与产业发展提供系统性、科学性和落地性的指导。

一、规划范围

梵净山旅游景区为梵净山自然保护区及周围的三县七乡镇一村，即江口县太平乡、德旺乡及闵孝镇的峰坝村，印江土家族苗族自治县的木黄镇、新业乡和永义乡，松桃苗族自治县的乌罗镇和寨英镇，规划范围总面积约 2018 km²。

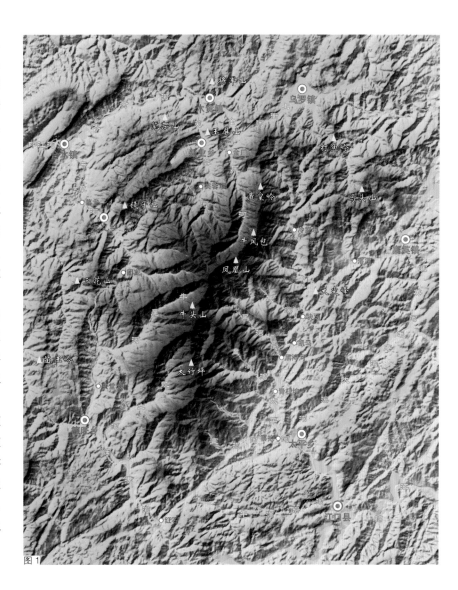

图 1

二、发展思路与理念

图 1　山形水系图

（一）发展理念

舞动梵净山龙头，牵动大梵净格局。以梵净山为龙头，整合联动开发山下周边区域，推行"大梵

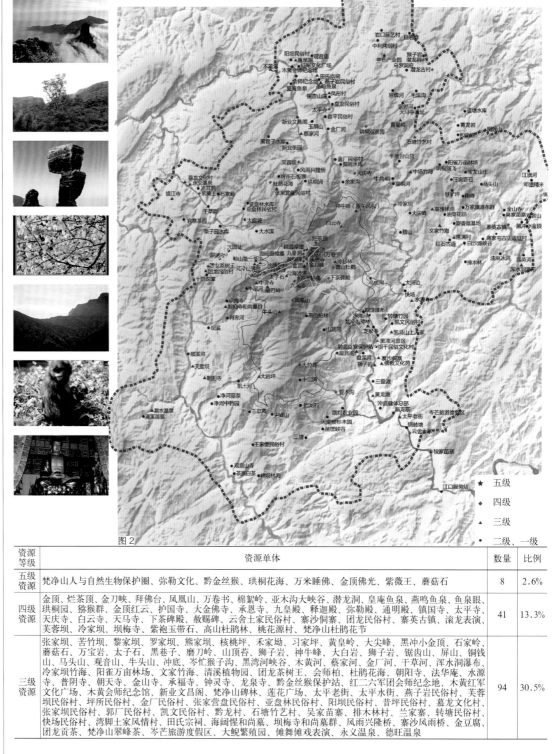

图2 资源评级图

图2

五级 ★
四级 ◆
三级 ▲
二级、一级 ●
江口口服务站

资源等级	资源单体	数量	比例
五级资源	梵净山人与自然生物保护圈、弥勒文化、黔金丝猴、珙桐花海、万米睡佛、金顶佛光、紫薇王、蘑菇石	8	2.6%
四级资源	金顶、烂茶顶、金刀峡、拜佛台、凤凰山、万卷书、棉絮岭、亚木沟大峡谷、潜龙洞、皇庵鱼泉、燕鸣鱼泉、鱼泉眼、珙桐园、猕猴群、金顶红云、护国寺、大金佛寺、承恩寺、九皇殿、释迦殿、弥勒殿、通明殿、镇国寺、太平寺、天庆寺、白云寺、天马寺、下茶碑殿、敕赐碑、云舍土家民俗村、寨沙侗寨、团龙民俗村、寨英古镇、滚龙表演、芙蓉坝、冷家坝、坝梅寺、紫袍玉带石、高山杜鹃林、桃花源村、梵净山杜鹃花节	41	13.3%
三级资源	张家坝、苦竹坝、黎家坝、熊家坝、核桃坪、禾家坳、习家坪、黄皇坳、大尖峰、黑冲小金顶、石家岭、蘑菇石、万宝岩、太子石、黑巷子、磨刀岭、山顶岩、狮子岩、神牛峰、大白岩、狮子岩、锯齿山、屏山、铜钱山、马头山、观音山、牛头山、冲底、岑忙猴子沟、黑湾河峡谷、木黄河、蔡家河、金厂河、千草河、浑水洞瀑布、冷家坝竹海、阳雀万亩林场、文家竹海、清溪植物园、团龙茶树王、会师柏、杜鹃花海、朝阳寺、法华庵、水源寺、普阴寺、朝天寺、金山寺、承福寺、钟灵寺、龙泉寺、黔金丝猴保护站、红二六军团会师纪念地、木黄红军文化广场、木黄会师纪念馆、新业文昌阁、梵净山碑林、莲花广场、太平老街、太平水街、燕子岩民俗村、芙蓉坝民俗村、坪所民俗村、金厂民俗村、张家营盘民俗村、亚龙林民俗村、阳坝民俗村、昔坪民俗村、慕龙文化村、张家坝民俗村、郭厂民俗村、凯文民俗村、黔龙村、石塘竹艺村、吴家苗寨、排木林村、兰家寨、转塘民俗村、快梅民俗村、湾脚土家风情村、田氏宗祠、海阔悒和尚墓群、坝梅寺和尚墓群、风雨兴隆桥、金豆腐、团龙贡茶、梵净山翠峰茶、岑忙旅游度假区、大鲵繁殖园、傩舞傩戏表演、永义温泉、德旺温泉	94	30.5%

净山"开发战略，实现"山上游，山下吃住行购娱"的旅游格局。

彰显原生态本真，做足核心吸引力。彰显"原生态"本真，发挥"生态王国、基因宝库"的生态优势，开展生态旅游，做足山上的核心吸引力。

环梵大产业布局，培育旅游生产力。依托环梵净山周边区，集中精力优先布局旅游产业，构建环梵"大产业"布局，培育山下"旅游生产力"。

开发集多文化于一体，塑文化旅游品牌。以环梵净山"金三角"文化旅游创新区发展为指导，重点依托梵净山生态文化、佛教文化和民族文化，开发多元文化产品体系。

（二）创新思路

模式创新。山上提升吸引力，山中凝聚生命力，山下做足生产力，实现"山上山下协同发展"，以项目带动城市实现"景城一体化共荣发展"，形成"景区＋园区＋社区"的"三区合一"发展模式。

文化创新。以景区"生态文化、佛教弥勒文化和民族文化"等三大文化为主脉络，按照佛教文化

图2 资源评级图

038 风景园林师 Landscape Architects

聚弥勒、民族文化强三族、生态文化重科普理念，打造生态与文化旅游品牌。

产品创新。转变产品开发思路，开发多元复合旅游产品体系，实现从"核心保护"走向"大梵净山"；从"山顶旅游"走向"大区旅游"；从"游山玩水"走向"生态度假"；从"传统农业"走向"产业链群"；从"自我开发"走向"全面开放"。

产业创新。发挥旅游的先导、关联、带动作用，形成旅游产业化与农业特色化、工业生态化、城镇民族化的"四化同步、一业振兴"的格局，推动农业围绕旅游提升、工业支撑旅游做强、三产依托旅游延展和文化联姻旅游做大的融合共进发展。

机制创新。借鉴国内景区管理体制模式的成功经验，设立梵净山旅游经济"特"区，创新生态激励机制和智慧景区建设机制。

三、总体定位

（一）战略定位

以生态文化、佛教文化和民族文化为核心吸引力，通过文化体验、生态旅游、休闲度假、生态产业的复合产品体系建设，把梵净山旅游景区打造成为生态与文化高度融合、游赏与度假高度契合、环境建设与特色种养高度复合的大型旅游文化经济圈，最终建成世界知名、中国一流、四季多元、宜游宜居的国际养生度假旅游目的地、中国生态旅游示范区和著名佛教文化旅游区。

（二）主题形象定位与口号

1. 主题形象

"梵净天下灵"。梵净山集"黄山之奇、峨眉之秀、华山之险、泰山之雄"，独具特色的"灵气"之地使梵净山享有"崔巍不减五岳，灵异足播千秋"之美誉。梵净山"天、地、人、物、佛"的"灵光、灵界、灵杰、灵境、灵慧"，更是昭显了"梵净山，天下灵"的主题形象。

2. 备选主题形象

"梵天福地，净心家园"。梵天之养生福地，桃源之净心家园。梵天：梵为"梵摩"简称，意为清静、寂静，为佛门清净之地；福地：佛法福佑之福荫，幸福长寿之地；净心：净为纯粹、清洁之意，洗涤心灵尘埃、净化凡俗牵绊，解忧静心；家园：意为百姓安居乐业，游客旅居的心灵家园。

3. 国内口号

梵天福地，净心家园；武陵主峰，桃源梵净；

心诚则灵，梵净见证；自由深呼吸，清新梵净山；弥勒道场，养生净土；多彩贵州，梵净尊享。

4. 世界口号

贵州多彩风，梵净天下灵；生态中国梦，独游梵净山；万岳之宗，名山大观；中国生态之极，民族文化多彩。

四、发展目标

（一）总体目标

按照贵州省100个旅游景区建设部署及省域20个重点景区之一的建设要求，大力推进梵净山旅游景区的开发建设，力争在规划期内将景区建设成为：

——世界维度：国际名山旅游区、著名山岳型养生旅游度假区；

——中国维度：国家5A级旅游景区、国民休闲度假重要基地、中国五大佛教名山、国家智慧旅游示范景区；

——西南维度：西南旅游新龙头、区域首选度假胜地；

——贵州维度：贵州省龙头景区、贵州省旅游综合改革示范景区、贵州省文化旅游发展创新区先导区；

——铜仁维度：铜仁市经济文化发展动力源、战略性支柱产业增长极。

（二）经济目标

到2015年，接待游客超过200万人次，旅游业总收入约10亿元。对江口、印江和松桃三县经济产业的发展产生积极促进作用。

到2020年，接待游客达到400万人次，旅游收入突破25亿元。梵净山旅游经济特区成为铜仁市社会经济发展的创新先导区。

到2030年，接待国内游客超500万人次，旅游收入达40亿元。旅游业成为梵净山旅游经济特区的战略性支柱产业，梵净山景区中国著名的旅游综合改革示范景区。

（三）社会目标

结合景区内三县七乡镇的三农问题、生态移民、扶贫攻坚、社会事业发展及城镇化问题等因素，通过旅游发展带动相关产业发展，创造更多的就业岗位，实现社区居民广泛参与旅游和就业，增加居民经济收入，提高生活水平，惠及民生，从而推动景区内社会事业全面发展。

力争到近期末创造就业岗位 5000 个，中期末创造就业岗位达到 8000 个，远期末创造就业岗位达 10000 个。

五、空间布局

以梵净山为龙头，联动周边乡镇区域，打破行政区划、整合旅游资源、发挥交通优势、统筹区域发展，进一步优化景区旅游发展布局，把景区景点建设布局与旅游交通、旅游村镇、环境保护、文化建设等结合起来，加快形成布局合理、主题突出、层次清晰、分工明确、优势互补的旅游空间发展新格局，整体构建"一核一圈一环"的空间发展格局，

其中：

一核：金顶宗教文化核，为梵净山山顶游步道所到的区域，以生态观光为主。

一圈：珍稀动植物生态保护圈，包括除梵净山山顶以外的山体区域，以生态环境保护为主。

一环：旅游产业发展环，环梵净山周边七乡镇区域，以旅游服务接待和旅游产业链培育为主。

（一）功能分区

分区理念：五福捧寿、佛光普照；山上生产力，山腰生命力，山缘生产力。

按照"主山、山缘"整合开发联动发展的理念，将整个旅游景区划分为梵净山核心区、太平片区、德旺片区、乌寨片区、木新片区和永义片区等六大片区。五福捧寿意为"一核五片区"，一核为吸引力，通过旅游提升核心的吸引力，提升知名度与美誉度；佛光普照意为核心佛教文化旅游区的吸引力带来经济拉动力，带动山下五片区的发展（图3、图4）。

通过生态文化旅游资源的系统梳理以及部分景区景点的建设，梵净山旅游景区整体形成"6大片区，40景区（旅游区），330个景点"的景区景点体系（图5）。

（二）旅游村镇体系

按照"大区小镇古寨新村"发展模式理念，以空间辐射、产品延伸、产业带动为动力，通过大区辐射小镇、小镇带动古寨新村，构建梵净山旅游景区"大区小镇古寨新村"体系。

大区——梵净山旅游景区。

小镇——依托景区内 7 个乡镇，按照各乡镇地方文化特色和区域主题，结合旅游综合服务区的建设，打造太平水乡风情旅游小镇、德旺文化工艺旅游小镇、永义土家风情旅游小镇、木黄神泉旅游小镇、新业文昌文化旅游小镇、乌罗府城文化旅游小镇和寨英古商埠旅游小镇等 7 个"旅游风情小镇"。

"古寨新村"建设。在梵净山周边交通要道及进入景区的入口节点，修建旅游景区的形象门区，并在周边建设旅游综合服务新村，主要有江口省溪司、寨英蕉溪、合水高寨、乌罗潜龙、闵孝下坝等。重点推动"四大天王寨，十八罗汉村"乡村旅游的流动性评优奖励体系建设，将"天王寨与罗汉村"定位于乡村旅游的品质评优体系和荣誉奖励体系，每年进行一次乡村旅游评优评比，评选 22 个先进乡村旅游点，颁发"天王寨与罗汉村"荣誉和奖励（图6）。

图3

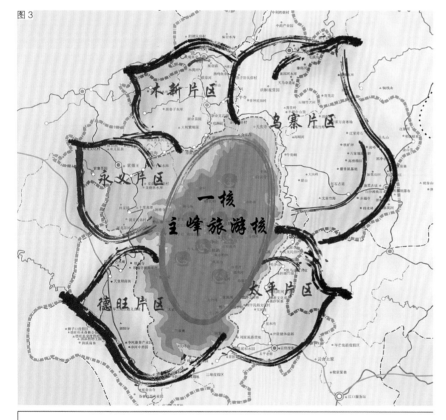

一核：主峰旅游核
五片区：太平片区
　　　　德旺片区
　　　　乌寨片区
　　　　木新片区
　　　　永义片区

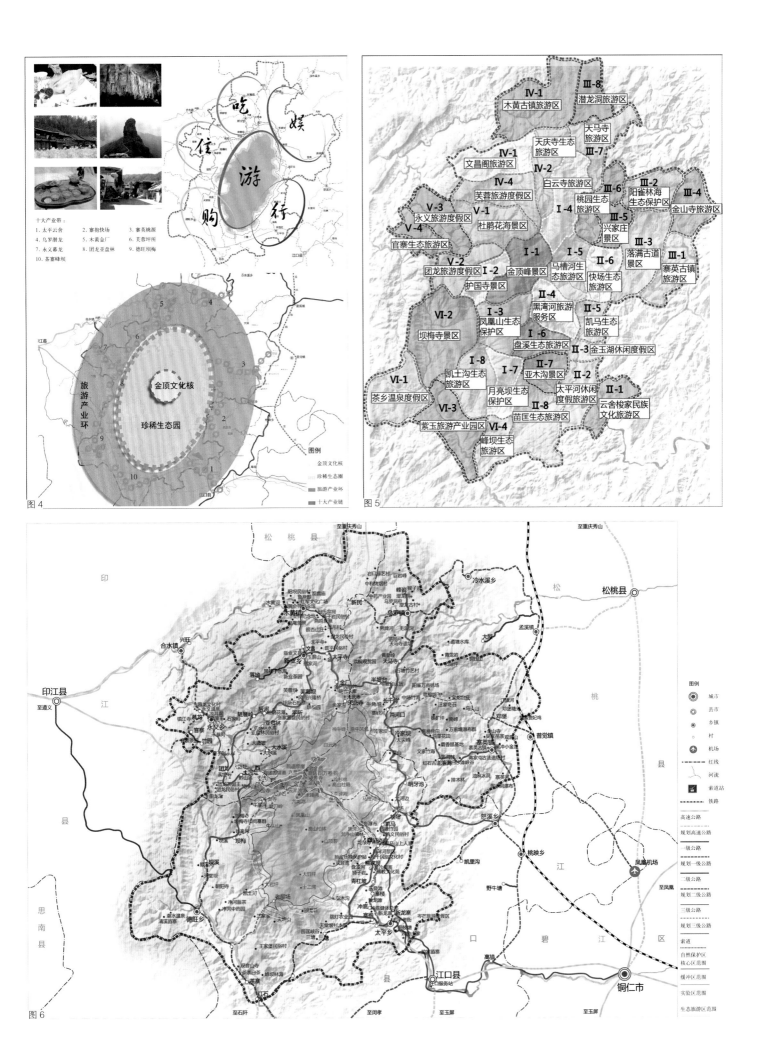

图4

图5

图6

六、旅游产品体系建设

（一）旅游产品体系

1. 灵秀山水——观光游赏旅游产品

依托梵净山广袤森林植被、神奇古老的地质、神奇泉水、珍稀动植物、神奇天象景观等，通过观光索道、登山游览步道、高科技生态观光体验等生态旅游方式，开发奇峰灵岩之旅、灵泉探秘之旅、奇花灵树之旅、国宝精灵之旅、灵异天象之旅等产品体系。

2. 心诚则灵——佛教文化旅游产品

依托梵净山厚重历史佛教文化和古庵寺庙，挖掘梵净山弥勒道场的特殊地域文化，开发礼佛还愿之旅、弥勒文化之旅、万米睡佛祭拜之旅和佛家养生之旅等产品体系。

3. 养生秘境——康体休闲旅游产品

突出梵净山优越的生态养生环境条件，对接印江县"长寿之乡"文化主题，依托山林水氧、户外山地以及中草药等具有养生康体作用的资源，开发山林康体养生、运动康体养生和中草药康体养生等产品体系。

4. 原味乡土——民族风情旅游产品

依托梵净山地区多民族聚集和多元文化聚集的资源优势，以民族村寨为载体，开发土家风情、苗家风韵和侗寨歌舞等民族风情旅游产品。

5. 贡茶飘香——茶园休闲旅游产品

利用梵净山周边的缓坡山地和高海拔的优势，大力发展高山茶产业，开展茶园观光、贡茶文化体验、风情茶歌、文化演艺等活动。

6. 仙境仙享——休闲度假旅游产品

突出梵净山优越的生态养生度假环境条件，充分利用梵净山山麓河谷沟坝，借助舒爽气候、温泉资源、高浓度空气负离子、优越的水质等资源，开发山地森林度假、乡村养生度假、温泉度假、茶乡度假、禅修度假等系列康体养生度假旅游产品。

7. 我行我在——拓展极限旅游、科普环保旅游

发挥梵净山"生物王国，中国西部中亚热带山地典型的原生植被保存地"的生态优势，依托高原及山地资源，开发登山健身、户外拓展、高原体育以及生态科普等旅游产品。

8. 自游自驾——户外运动、自驾车旅游

利用梵净山优越的山地资源和生态环境条件，面向全国广大户外旅游爱好者和驴友背包一族，开发"自由风"的户外徒步、登山探险、自驾旅游等旅游产品。

9. 热土缅怀——红色旅游产品、军事主题游

依托木黄镇红二六军团会师纪念地、木黄红军文化广场、木黄会师纪念馆等红色文化资源，通过开展缅怀观光、爱国主义教育、军事主题活动等，开发红色旅游产品。

（二）旅游线路组织（图7）

1. 着力建设六条区域精品旅游线路

湖南、重庆至梵净山：长沙（重庆、张家界）—凤凰古城—松桃苗王城—铜仁天生桥—铜仁十里锦江·九龙洞—梵净山。

重庆经梵净山至凤凰：重庆（贵阳、长沙）—铜仁锦江·九龙洞—梵净山—松桃苗王城—凤凰古城。

张家界经梵净山至遵义：张家界—凤凰古城—梵净山—石阡温泉—思南石林—遵义。

黔南荔波经梵净山至铜仁：荔波小七孔—西江苗寨—镇远—石阡温泉—梵净山—铜仁锦江·九龙洞—万山国家矿山公园。

重庆经梵净山、铜仁市区至凤凰：重庆—乌江山峡画廊—麻阳河自然保护区—印江—梵净山—铜仁锦江·九龙洞—凤凰古城。

东部南部城市群经铜仁至梵净山：东部南部城市群—铜仁锦江·九龙洞—梵净山。

2. 景区精品旅游线路

旅游精品南线：太平镇—太平河—黑湾河—梵净山金顶—永义。

旅游精品西线：永义乡—棉絮岭—梵净山金顶—黑湾河—太平。

科考探险东线：桃花源村—梵净山金顶—凯土沟—德旺。

宗教文化北线：木黄—天庆寺—白云寺—承恩寺—龙泉寺—太平镇。

环山旅游线一：太平古镇—云舍—太平河—黑湾河—桃花源村—寨英古镇—潜龙洞—印江木黄—芙蓉坝—永义—团龙村—坝梅寺—德旺—太平古镇。

环山旅游线二：永义—杜鹃山庄—芙蓉坝—天庆寺—桃花源—寨英古镇—云舍—太平古镇—坝梅寺—团龙村—永义。

七、重点项目与工程

（一）品牌营销传播工程

1. 梵净山模式打造工程

按照"六大体系"创新构建旅游景区发展的"梵净山模式"。一为"四化同步"，实施一业振兴，四化同步，推动旅游产业化、农业特色化、工业生态

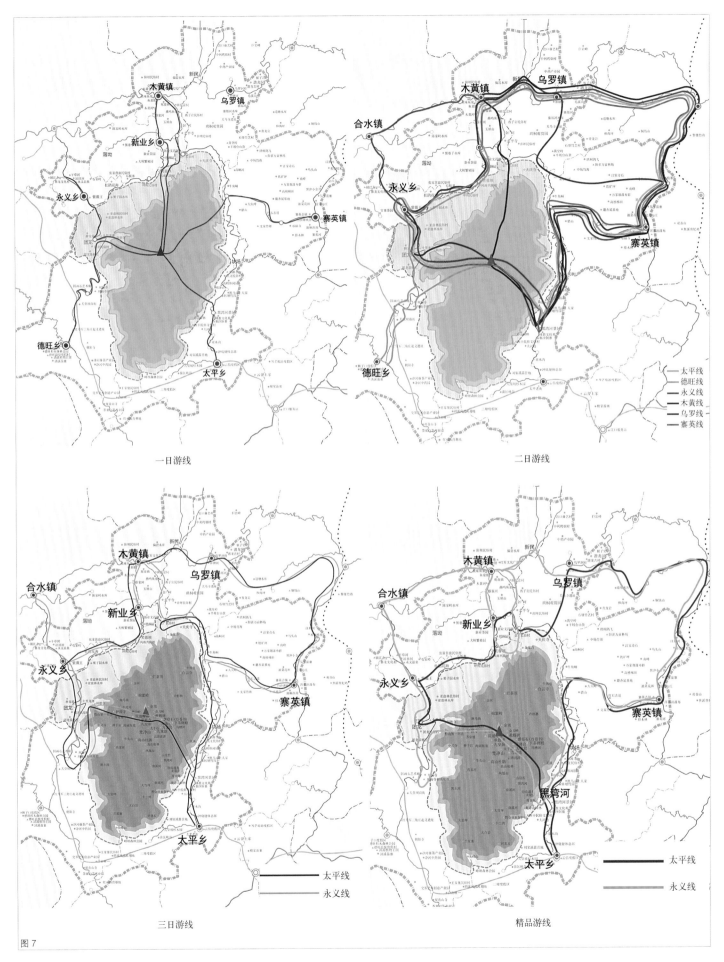

一日游线

二日游线

太平线
德旺线
永义线
木黄线
乌罗线
寨英线

三日游线

太平线
永义线

精品游线

太平线
永义线

图7

图 7　游线规划图

化和城镇民族化；二为"三区合一"，推动景区＋园区＋社区的旅游、产业与乡村建设体系；三为"景城一体"，按照项目带动城市发展思路，以梵净山辐射带动周边城镇发展，实现景城一体化发展；四为"大区小镇"，以梵净山旅游景区为龙头引导旅游小镇和乡村旅游发展；五为"旅游特区"，探索旅游景区综合改革，推动梵净山旅游经济特区建设；六为"智慧景区"，推动"智慧梵净山"信息化建设。

2. 梵净山申遗工程

借鉴五台山、峨眉山"申遗"成功经验，积极推动梵净山申遗工程，借助申遗过程大力推广和传播梵净山旅游，扩大梵净山知名度和影响力。

3. 梵天福地知名旅游品牌建设工程

通过有计划、有节奏、有针对性的不同地域维度、不同传播手段的品牌建设工程，形成梵净山旅游品牌，通过立体化的品牌传播途径，从报纸、媒体、网络、电台等多种媒体进行复合推介与传播，使梵净山从全国旅游景区中脱颖而出，在消费者心中形成"梵净天下灵"的烙印，形成价值品牌。

（二）生态旅游及保护工程

1. 中国森林科普生态旅游示范区

以森林生态科普观光为方式，重点依托冷家坝区域，利用梵净山广袤森林植被形成的优越环境，通过珍稀动植物观赏、生态科考科研、森林探险等活动，开发生态旅游产品，打造中国森林科普生态旅游示范区。

2. 环梵净山风景道体系建设

按照"环山、顺水、连绿、延文"的理念，充分联系梵净山自然景色、山岳空间、人文资源，利用梵净山河流水系、山脉、林地、登山道，将景区主干道、次干道以及乡村公路等资源也加以利用，建设以绿廊系统、游径系统、配套服务系统、交通衔接系统和标识系统等六大系统形成的全景区风景绿道系统。

3. 环梵净山生态修复工程

以现有植被和自然生态功能保护为重点，突出抓好梵净山自然保护区、太平河与木黄风景名胜区及周边乡（镇）和乡村的保护和建设，加强喀斯特自然生态系统和动植物资源的保护。以实施封山育林为主，大力推进石漠化治理、天然林保护等生态建设工程。

（三）文化旅游及保护工程

1. 皇寺之首天庆寺复建工程

以天庆寺现存的遗址为基础，在原址上进行恢复重建，突出天庆寺的四大皇寺之首的地位，融入和突出弥勒道场文化，将天庆寺打造成为梵净山弥勒道场的文化承载地，开发宗教朝圣、文化体验和弥勒文化研修等旅游活动，推动梵净山佛教文化的传播和交流。

2. 中国弥勒文化弘扬工程

通过建设弥勒佛文化研究院，修缮恢复五大皇寺，包括承恩寺（中）、护国寺（西）、天庆寺（北）、坝梅寺（南）、龙华寺（金佛寺改名，东），策划举办中国生态文明与佛教文化年会、中国弥勒文化国际研讨会和弥勒佛圣诞等节事活动，推广与传播弥勒佛文化，树立梵净山作为弥勒道场的文化地位。

3. 中国土家文化博物馆

通过梵净山地区土家族文化旅游的发展，推动土家族民族文化的传承和保护，推进土家族民族文化的传播和交流，扩大土家族民族文化在全国乃至世界的影响力，将梵净山地区建设成为中国土家族文化中心，构建中国土家族文化博物馆。

（四）精品旅游项目工程

1. 国际长寿养生度假区

以"观梵净、住芙蓉、健膳食、康运动"的发展思路，对接国际标准配套建设度假设施，借鉴悦榕庄发展经验，依托芙蓉谷建设高端养生度假村。利用田园建设药香养生园，环山麓建设别墅式养生度假村，开发国药膳食、乡村田园健身、森林浴场养生等特色长寿养生活动。

2. 环梵净山国际自行车赛

策划中国·梵净山"环梵"公路自行车挑战赛、中国·梵净山"环梵"自行车装扮（花车）骑行赛、中国·梵净山"环梵"绿色行动环梵公路骑行活动、梵天福地·有爱同路环梵公路骑行活动等。

3. 梵净山国际登山节

梵净山五条登山线路根据难易程度划分登山线路名称，以独特的登山沿途风光展示梵净山资源的独特性，如策划8000级的终极挑战赛、开展国际登山节，通过国际性节事扩大影响力。

4. 中国高原体育健身基地

以永义大水溪、棉絮岭、坝梅寺、白云寺等具有较好利用条件的山地高原区域为龙头，建设射击、游泳、篮球、羽毛球、自行车、摔跤、拳击等体育运动训练与健身的场所，提供面向专业体育运动训练以及广大游客运动健身的场地。

5. 中国户外拓展旅游示范基地

依托梵净山的奇美险峻，开展攀岩、溜索、蹦极、山地自行车、滑翔伞、定向越野等高原健身旅游产品。利用优美的生态环境，开展气功、瑜伽等养生运动以及运动休闲、徒步、骑马、骑车、峡谷探幽、森林登山、溯溪漫步等活动，打造中国户外拓展旅游示范基地。

6. 中国精品茶乡旅游示范区

充分利用茶乡形成的优越休闲旅游环境，开发茶园生态观光、茶乡休闲度假、茶文化主题体验、茶饮休闲等旅游产品，依托乡镇丰富的山地资源、良好的气候条件、较好的茶产业基础以及浓郁的土家族、苗族风情，建设多高度、多环境、多风情、多设施的"四多"茶乡旅游示范区。

八、旅游交通规划

推动梵净山以303、304、305等道路为骨架的外围环线构建，形成梵净山旅游景区大环线，重点建设铜仁—和平—怒溪—寨英公路、松桃—孟溪火车站的连线公路以及印江—孟溪火车站的连线公路等；继续加强梵净山环线公路的全线贯通和道路质量提升，特别是环梵公路西线公路的质量提升；

重点加强梵净山环线与杭瑞高速、印秀高速以及303、304、305省道等主要交通道路之间的连接，形成便捷的环梵公路支线体系。

加快梵净山景区环梵公路至主要景区景点之间的道路建设以及乡村旅游公路建设，串联各景区、景点、乡村，形成便捷的道路交通体系；完善梵净山登山步道体系，东南西北开通上山的登山道，完善山顶游步道系统，加强安全及解说系统建设。

修建大园址—棉絮岭—金顶的梵净山西线索道。拉长现有东线索道，新建黑湾河至鱼坳的索道。

借鉴台湾阿里山森林小火车建设经验，修建一条从木黄—文昌阁—铁厂—上寨—永义乡的森林观光小火车。

建设太平河菩提风景道、德旺梅香风景道、冷家坝桃花风景道、落满红石枫香古道、木黄银杏风景道、新业芙蓉风情道、永义紫薇风景道和亚盘林杜鹃风景道等风景道体系。

积极争取在梵净山周边修建两个直升机场，可以开展民用航空旅游服务，也可开展环梵净山空中观光游（图8）。

图8　交通规划图

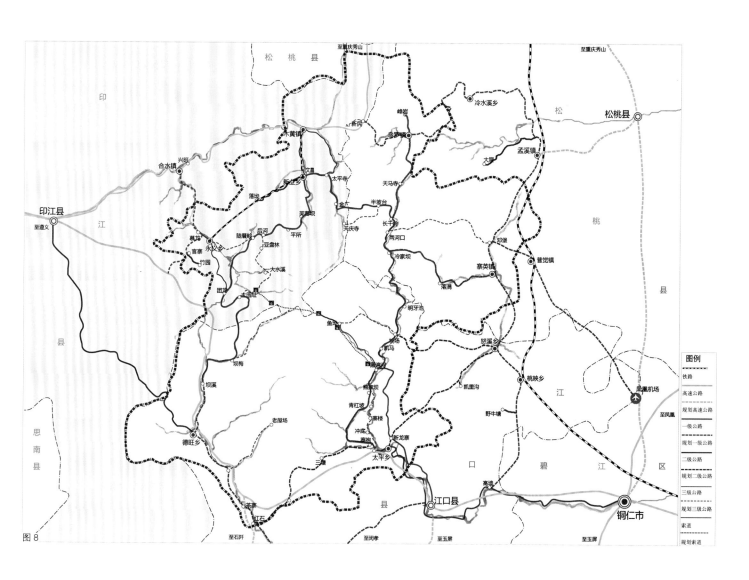

图8

九、旅游配套服务设施规划

（一）形象门区

推动五大形象门区建设，在梵净山旅游区周边重要交通节点及服务区——江口省溪司、寨英蕉溪、乌罗潜龙、合水高寨、闵孝下坝等五个村寨内择地建设形象门区，并结合修建旅游服务设施，提供咨询、补给、餐饮、住宿等服务。

（二）游客集散与综合服务

（1）江口县城、印江县城和普觉镇旅游服务城的"一心三城"外部旅游服务基地。

（2）青杠坡、冷家坝、永义心、德旺和锅厂等景区五大旅游综合服务中心。

（3）太平乡旅游服务镇、寨英镇旅游服务镇、乌罗镇旅游服务镇、木黄镇旅游服务镇和德旺乡旅游服务镇；云舍村、寨沙寨、落满村、黔龙村、毛溪村、落坳村、昔坪村、团龙村、坝梅村、峰坝村等旅游服务村；亚木沟景区、牛角硐景区、芙蓉度假区、燕子岩景区、大水溪茶园景区、杜鹃花海景区、银杏山庄、护国寺景区、天堂坝度假区、净河旅游区等"五镇十村十区"景区旅游服务体系。

十、土地利用规划（图9）

（一）用地规模与性质

梵净山旅游景区规划总面积约为 2018 km^2，各类型土地面积见表1。

（二）土地利用协调规划

1. 实施移民集中安置

对于梵净山自然保护区范围内、高山上、水库建设淹没区的居民以及零散的居民进行搬迁集中安置。

2. 丰富风景游赏用地

扩充景区各类风景游赏用地，完善周边公共服

图9 土地利用规划图

图9

梵净山旅游景区现状用地表		表1	
用地代号	用地性质	面积（km²）	占总用地
甲	风景游赏用地	25.3	1.3%
乙	旅游设施用地	3.4	0.25%
丙	居民社会用地	25.5	1.3%
丁	交通与工程用地	22.0	1.1%
戊	林地	1671.9	83.7%
己	园地	59.6	3.0%
庚	耕地	156.5	7.8%
壬	水域	31.8	1.6%
合计		2018	100%

务设施，成为吸引游客的重点区域。

3. 保护林地

加强自然保护区林地保护，依托部分林地发展风景游赏。

4. 适当扩大自然水域

加强景区内河道、溪流及水库等水资源保护，扩大景区内水域面积。

5. 增加游览设施用地

加强景区旅游服务接待设施建设以及配套游览设施建设，增加景区游览设施用地。

6. 加强交通可达性

推动景区道路体系建设，加强道路基础设施建设，增加交通与工程用地。

7. 合理利用耕地和园地

尽量保护耕地及园地，对于散乱分布的耕地及园地需要规整合并，部分耕地与园地用作旅游开发用地。

（三）土地利用平衡

梵净山景区用地平衡规划表（表2）如下：

十一、近期行动计划

（一）分期建设规划

近期重点建设区域：调整熊家坝—黑湾河沿线区域，理顺东线入口区域的交通组织，扩大旅游服务接待规模。尽快启动西线永义综合旅游服务区建设。

中期重点建设区域：冷家坝区域、永义综合服务区域、芙蓉坝区域、德旺乡天堂坝区域、寨英古镇区域和潜龙洞区域。

远期重点建设区域：木黄风景区区域、冷家坝—黑湾河沿线区域、两河口—金厂沿线区域和德旺乡区域。

（二）近期主要行动措施

1. 大力推进重点项目与工程建设

启动以熊家坝、芙蓉坝区域的养生休闲度假项目为主的"梵净山国际长寿养生度假区"工程建设。推动以冷家坝、芙蓉坝和护国寺三个方向的登山生态科普旅游休闲为主的"中国森林科普生态旅游示范区"建设。着力推进天庆寺复建工程和中国弥勒文化弘扬工程的建设。以寨沙侗寨为龙头，重点选择牛角洞、团龙村两个村寨，打造为苗族和土家族的典型和精品民族旅游村寨。启动"环梵净山生态修复"与"环梵净山风景道体系建设"工程建设。启动"梵天福地品牌建设工程"，在央视、中央人民广播电台等国内重要媒体宣传"梵净天下灵"形象。

2. 加强旅游产品体系建设

重点开发佛教文化朝圣，土家族、苗族古镇古村寨风貌观光旅游，民族工艺品购物旅游和民俗节日观光旅游等产品。推进休闲度假旅游产品建设，

梵净山景区用地平衡规划表						表2
用地代号	用地名称	面积（km²）		占总用地		协调规划
		现状	规划	现状	规划	
合计	景区规划用地	2018	2018	100%	100%	不变
甲	风景游赏用地	25.3	35.1	1.3%	1.8%	增加
乙	旅游设施用地	3.4	15.6	0.25%	0.8%	增加
丙	居民社会用地	25.5	19.8	1.3%	1.0%	减少
丁	交通与工程用地	22.0	28.5	1.1%	1.4%	增加
戊	林地	1671.9	1663.6	83.7%	83.3%	减少
己	园地	59.6	62.6	3.0%	3.1%	增加
庚	耕地	156.5	137.7	7.8%	6.9%	减少
壬	水域	31.8	33.8	1.6%	1.7%	增加

培育养生、温泉、乡村体验多种主题的休闲度假旅游。大力开发观云海雾涛、杜鹃花海、科普活动、登山远足、户外露营、溯溪探险、房车营地等生态旅游产品。重点围绕五大形象门区周边村寨，开发乡村休闲旅游产品。启动梵净山体育运动和户外拓展产品建设，以驴友登山、环梵自行车赛、国际登山节、大水溪高原体育运动基地为主要项目。

3. 完善基础及服务配套设施建设

加快环梵净山旅游公路的全线贯通和质量的提升，加快建设 6 个片区道路的指示标志牌以及登山步道的标识牌等旅游标识系统。加快环卫设施建设以及污水处理系统建设。加强导游系统建设和旅游信息化建设。

4. 加强民族文化保护和传承，以及自然生态环境的保育

加强环梵净山公路两边和各村镇的自然生态环境的保育，加强弥勒佛教文化的挖掘和传承，加强土家族、苗族等民族文化的保护和传承。

5. 加快相关保障体系建设

推动梵净山旅游经济特区的申报工作和体制机制探索创新，启动国家自然保护区外的旅游景区内土地流转机制建设。加快旅游景区投融资机制建设，加强项目招商引资力度。

太湖风景名胜区石湖景区渔家村规划设计

苏州园林设计院有限公司 / 刘　佳

一、项目概述

本项目范围为石湖之北的新郭镇附近地块。分属于石湖景区一级、三级保护区范围。基于对历史文化价值、文化底蕴的研究整理，依托石湖景区和沧浪新城开发的整体优势，今天，石湖渔家村保护开发工程，通过对该区域丰富的历史文化遗产和独特的自然、人文景观进行保护和开发，将建成既有传统特色又与石湖景区互融的"美丽苏州"示范地。项目总用地 25.4 hm²。其中景区内部规划用地 21.5 hm²。沧浪新城用地 3.9 hm²（图1、图2）。

二、规划目标与定位

规划的功能定位是以保护和利用石湖及新郭历史文化遗产资源为核心，建设石湖地区历史文化展示体验重要场所、石湖景区历史人文风貌再现空间以及古新郭与新城接驳混合功能文化区。

三、空间结构与功能布局

（一）空间结构

1. 一核——越城遗址

越城遗址片区对项目区域的人文风貌和历史

图 1　鸟瞰图 1

图1

图2　鸟瞰图2

图2

文脉起着巨大的文化品牌效应。越城遗址是省级文保单位，作为本次保护规划的重点处于基地的核心位置。

2. 一轴——新郭老街传统文化轴

东西轴为连接老新郭镇和行春桥、越城桥的新郭老街，作为传统文化轴串联起路口节庆广场、新郭老街、吴越文化广场、越城遗址公园等。

3. 三片——田园风光片区、传统文化片区、新生文化片区

三个片区在石湖景区中由南向北延伸，第一片区为田园风光片区。此片区主要延续石湖北岸历史上的田园风光，风景秀丽，具有山水田园如画的风景。中央传统文化轴以南、田园风光片区以北是传统文化片区。这片区包含了原越城桥以东的新郭老街以及越城遗址东南片的水乡渔家村，设计将这两片的业态定义为传统文化街巷和村落，主要是为了协调石湖的传统田园风景气息，恢复新郭老街的市井和渔家水乡风情，真正做到延续传统历史文化。中央传统文化轴以北、新郭港以南，是新生文化片区。此片区业态为艺术创意园、展览馆、精品文化酒店、人文会馆等，风格为传统与现代相结合。该片区域作为沧浪新城与石湖区域市井传统文化的过渡区域。

（二）功能分区

总体形成五大功能分区：

1. 新郭老街

新郭老街位于基地西侧，行春桥、越城桥以东，用以串联两桥及上方山庙会以及新郭的传统文化轴线，老街自明清时期就成为商贾往来要冲，逐步形成了酿酒、茶艺等传统商业。规划在沿袭传统老街布局的基础上融入田园乡村的空间特色，形成富有田园野趣的老街风貌，重现新郭繁荣的市井文化传统与变化多端的田园街巷空间形态。

2. 越城遗址

越城遗址作为省级文保单位，位于本次规划范围的核心位置，由其他4个功能片区围绕，越城遗址四周城郭按照越城古图的位置局部恢复或复建，以较明晰的轮廓确立遗址的保护范围。城郭的恢复部分以较缓土坡的形式设计，围合为主、复建为辅，尽量降低对周边修缮村落的影响。越城遗址东北处是规划的吴越文化广场和越城遗址博物馆，以吴越文化为展示主题，广场上利用绿化、景墙（历史之垣）、石碑等元素讲述石湖地区及新郭城的吴越历史文化。越城遗址博物馆利用原有地形，塑造越城遗址文化展示的人文空间，供游客学习及文化交流。

3. 艺术聚落

艺术聚落位于基地西北角，越来溪以东，吴越文化广场以西，新郭港以南。艺术聚落区规划了两组丹青会所及一组精品酒店。沿溪一侧是两组丹青会所，建筑形式以传统民居建筑为主，用以展示古新郭的文化，同时引入传统的刺绣、字画，也可以

引入较为现代的设计、会展等新兴文化元素。艺术聚落东侧片区规划为精品酒店，建筑风格历史与现代相结合，酒店定位为中高端旅游度假型酒店。

4. 儒商新驿

儒商新驿位于基地东北部，吴越文化广场以东。该片区域规划设计了12个田园别院。儒商新驿是具有传统风味的现代村落，既有传统的建筑符号与文化符号，又具备现代生活的品质。儒商新驿功能片区内既有展示传统文化的展示馆、博物馆等，又有现代的酒店、人文会馆等，多元的文化体系与空间形态展示了苏州新时代村落的全新景象。

5. 渔家水乡

渔家水乡位于基地东南部，越城遗址东南。规划以传统水乡村落空间为设计原型，结合部分历史遗存，打造一个具有宋式古韵的渔家水乡村落。村落内水网贯穿，有屋有田，有水有林，有桥有湾，传统水乡村落特色尽显。渔家水乡建筑风格借鉴苏州传统民居建筑，并不拘一格，打造具有野趣、雅俗共赏的田园水乡村落。村落布局依托水网延展，遵循自然，错落有致，建筑与景观相互交融，结合建筑营造村前屋后的特色景观空间。

（三）主要景点布局

1. 吴越古风

位于基地中央越城遗址北侧，该区域可直接面对原处上方山的楞伽寺塔。以吴越文化为展示主题。广场上利用绿化、文化墙、石碑等元素讲述石湖地区及新郭城的吴越文化和历史。

2. 四时田园

四时田园位于中北部，该区域现状以田地为中心，规划将继续优化这片区域的田园风光，将其作为石湖田园风光的主要展示空间。

3. 锦绣坡

恢复老景点。

范成大，江苏人，字致能，号"石湖居士"，俗称范石湖，是南宋绍兴二十四年（1154年）进士，南宋杰出的诗人之一，与尤袤、杨万里、陆游齐名，号称"南宋四大家"。他的诗清丽精致，题材广泛，特别是田园诗尤其有名，被后人誉为"田园诗"的典范。据《横塘镇志》记载，范成大晚年归隐石湖筑别墅，处在越城遗址南侧，沿"越来溪"之故基"随地势高下而为亭榭、有北山堂、千岩观、天镜阁、玉雪坡、锦绣坡、说虎轩、梦渔轩、绮川亭、盟鸥亭、寿栎堂等，而以天镜阁为第一，植以名花，梅树尤盛。宋孝宗亲书'石湖'两字以赐，径一尺五寸见方，下有'赐成大'字样，成大立碑并撰记"。锦绣坡以花圃为主要要素，片植特色菊花（据记载故为著名的菊花花圃），配置各色花卉。依托石湖别墅形成富有诗意的景观。

4. 玉雪坡

恢复老景点。

玉雪坡以古亭、梅花为特色，种植一些白色素雅花卉，设计中也加入一些其他景观小品和铺装，形成四季的"玉雪坡"。

5. 丹青望越

位于基地西北角，越来溪以东。越来溪具有悠久的历史文化，沿溪一侧艺术聚落规划为艺术创意园，建筑风格历史与现代相结合，引入传统的刺绣、字画，也可以引入较为现代的动漫、设计、会展等新兴文化元素。同时将水系引入，沿湖设置观景点，此处向南，越城桥，上方山，浩瀚湖面映入眼帘，是一处赏景的雅致之处。

6. 历史老景点

依托历史遗存，保留老建筑物，复建历史景点等，形成老桥、老戏台、百年银杏、老船坞、百年老屋、石湖别墅、渔庄等历史景点。

项目组成员名单
项目负责人：屠伟军
项目参加人：刘 佳 黄若愚 汪 月 蒋 毅

城市近郊风景名胜区游览系统探讨

华蓝设计集团昆明分公司／谢　军　孙　平

一、前言

随着城市的不断发展扩大，城市近郊风景区与城市关系更为密切，作为市民出游的重要区域，将具有更重要的作用。风景名胜区作为我国一种重要的保护体系，具有保护为主的本质需求，而近郊风景名胜区又需要提供基本的服务系统，满足服务市民的需要，因此存在较为普遍的矛盾。本文以昆明滇池风景名胜区西山景区详细规划为例，探讨近郊风景名胜区规划如何处理保护、游览、服务等复合功能之间的关系，以期建立合理的游览体系。本规划在以人为本的前提下，重点研究市民在风景名胜区出行活动的特征，探讨景区保护和满足市民需求的平衡发展体系。

二、昆明滇池风景名胜区西山景区概况

昆明滇池风景名胜区西山景区位于昆明西郊滇池西畔，是昆明滇池风景名胜区的重要组成部分，与滇池山水相依，面积 55.15 km²。西山凝聚着昆明千年厚重的历史文化，历史、宗教、人文遗迹丰富。西山早在元代即为昆明八景之冠，明代又与通海秀山、巍山巍宝山、宾川鸡足山合称"云南四大风景名山"，享有"云南第一风景名山"的美誉。随着"一湖四片"、"一主四辅"新昆明战略的实施，规划区逐渐成为"四片"和"四辅"的中心，成为大昆明城市组团中的绿色核心，与滇池、草海、大观楼构成了山水文化景观的优美画卷（图 1、图 2）。

西山景区原属昆明市西山区碧鸡街道办事处，

图1

图2

2008年按照属地化管理的原则，作为行政管理体制改革的试点由市园林局移交至西山区进行管理，成立了西山国家级风景名胜区管理委员会。用地涉及猫猫箐社区和黑荞母社区等8个居民点，范围内有昆明太华山气象站、昆明导航站、军事雷达站、昆明电视台发射站等诸多外驻单位。而景区内的太华寺、华亭寺为市佛教协会管辖，聂耳墓、升庵祠为昆明市文化体育局管辖。景区内现状多头管理，区内人类活动方式呈复杂多样化（图3）。

西山景区是昆明市城市形象的重要名片，它与滇池一起作为昆明的地标和象征，具有极高的资源价值，是昆明最受游客和市民喜爱的景区之一（图4、图5）。规划通过资源挖掘整合，完善景区游赏功能、合理布局项目设施、丰富游览内容、提高服务质量。拓展生态体验、康体养生、人文研习等功能。全面提升完善西山景区形象，展示高品质景区特质。

三、功能分区与结构布局——合理布局，平衡发展

西山景区现已形成环西山大环线，但景区内开展旅游活动的区域主要集中在东北部龙门传统游览线及猫猫箐、化底力等区域景点，游览范围较小，游客集中造成拥挤，景区资源利用率低。规划从整体出发，引导人们完整认识西山。通过功能的完善，力求达到景区完整保护与平衡发展（图6、图7）。

总体结构规划为"一心、一轴、一环、四片"。一心：景前区服务管理中心。一轴：山脊核心景观主轴线，既是西山景区"睡美人"轮廓景观主轴线，也是重要的登高观景节点轴线。一环：为环西山游览大环线。该游览环线串联众多西山景区重要景点，连接四个片区，可体验不同游赏乐趣。四片：龙门山水文化观光片、后山猫猫箐生态体

图3

图 4

图 5

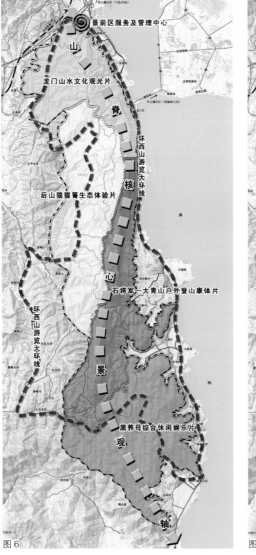

图 6

图 7

验片、石将军—大青山户外登山康体片、黑荞母综合休闲娱乐片（图8～图11）。

四、风景游赏规划——全面认识，深度游赏

游赏的过程，也是人们认识、学习的过程。在规划中，一直贯穿的一个思路，就是要让人们完整地认识西山，在享受西山龙门沿线优美自然景观的同时，也要看到存在的生态环境问题。

针对西山景区的特征，确定了西山景区游赏规划的原则是强化龙门景区自然山水及人文历史文化游赏主线，以提升、改造、完善以及保护与展示相结合为主，突出特色，分区组织，项目建设与风景资源保护相结合，完成由龙门向后山、由北向南延伸、由观光游览向深度体验的结构性调整。

龙门景区是西山游览、展示、文化体验的精华所在。通过龙门沿线的提升改造，突出西山景区精品观光游赏特色，进一步扩展景区的游赏活动范围，有利于人们深入全面地了解西山。在游赏活动组织中，加强了对市民活动的研究，充分研究市民登山健身、周末休闲的途径、交通方式、活动区域及活动内容等，在规划中进一步落实：保护市民传统活动区域及线路；分区域理顺步行游览线路及各步行入口；规划引导自驾及自行车活动线路及区域；完善标识及安全防护系统，提供有效的必要的服务设施。通过引导，市民可以方便自主地选择西山游览活动。规划在西山游览组织中，更加突出地体现市民游赏的多样性、便捷性、安全性和舒适性。

五、风景游赏体系特色——关注市民游赏的多样化需求

西山游览由来已久，是昆明市最传统、最受市民喜爱的游览胜地之一。传统的西山游览主要集中于龙门沿线及近年来发展起来的猫猫箐农家乐区域，游览范围有限，游览形式单一，服务管理设施滞后老化。现状西山景区游览体系保持传统观光游览系统，占据游客总量超过80％的市民休闲健身活动处于随意自发状态。针对这一日益突出的特征，规划提出建立完善的西山景区市民游览系统。有意识地引导市民在景区内不同区域进行游赏活动，缓解龙门沿线游人密集的压力（图12～图14）。

规划西山景区游览系统分为两个层面：市民游览系统及观光游览系统。

规划强调关注公众利益，建立市民游览系统，

图8

图9

图10

图11

体现市民享有风景资源的便利性与优越性。规划注重了新景点建设，重点包括：增加景区东侧、南侧游览出入口、游览景点、休息观景设施以及厕所、游路、小卖、维修补给、租赁等设施与服务点。市民游览系统发挥城市近郊公园的功能，提供市民需要的生态、健身、运动康体、周末休闲、文化娱乐等多种功能需求。扩大游览范围，完善慢行游览线路及配套服务，形成内容多样、游览范围更广的市民游览系统。

观光游览系统，以最能体现西山景区精华的龙门游览线路为主，重点加强环境改造、功能配套、优质服务管理等措施，为游客创造高品质西山游览体验，丰富完善西山景区游览体系。发展高品质西山深度生态、文化型游览体验。

六、保护规划——逐步提升整体保护

西山景区环境保护成果具有一个显著特点，无论是生态环境质量还是生态植被及景观的丰富与完好程度，均以传统游览区域龙门游览区沿线最为优

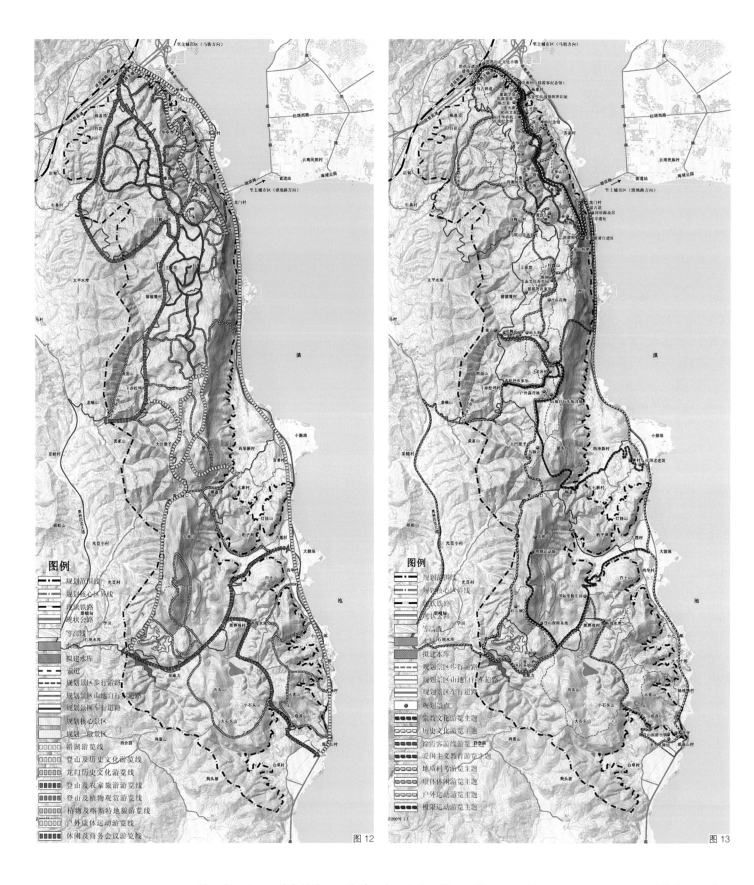

图12

图13

图12　游赏规划
图13　特色游线
图14　旅游服务设施规划图
图15　保护培育

越。在西山景区悠久的发展历史过程中，人们对该区域的保护意识已经达到了一个较高的程度。因此，规划在保护现有生态保护成果的基础上，通过对生态环境较薄弱的南部区域的发展建设，扩展游赏范围，使人们完整了解景区环境的差异。景区环境质量的不断提升与综合建设，也可以使游客、居民直接感受人与自然环境的相互关系，提升保护环境的自觉性与主动性，同时也享受保护环境带来的利益。最终达到西山景区生态环境得到整体保护与提升的目的（图15）。

规划以保护为前提，协调处理好保护培育、开发利用、经营管理、社区发展之间的相互关系。以

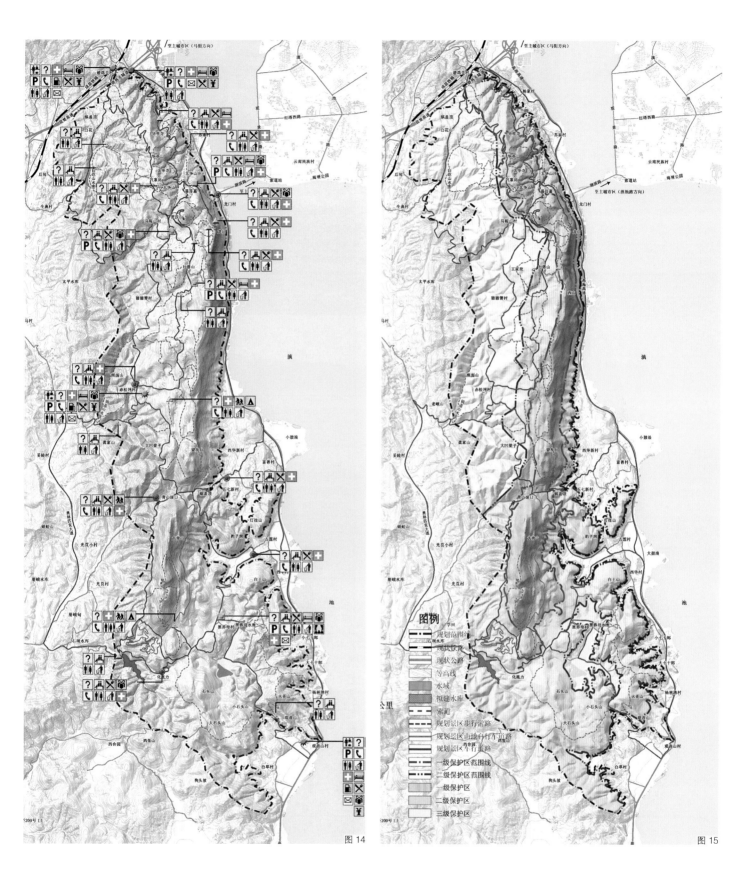

图14

图15

分级保护为主、分类保护为辅的方法，形成科学合理的景区保护体系。一级保护区内应保持西山"睡美人"山脊轮廓线及其环境的真实性和完整性，并精心维护原生的自然环境和人文景观。二级保护区内限制与风景游赏无关的建设，可安排少量旅宿设施，并对机动车的进出进行控制，同时在此范围内

提升保护区绿化覆盖率，建设污水收集处理设施，保证各景点、景物有良好的视域和优良的自然生态环境。三级保护区内控制大范围的环境污染及自然风貌的破坏对景观造成的影响，以加强面山植被、山、石等自然风貌保护为主，有序控制各项建设与设施，严格控制有碍视觉的建设行为（图16～图19）。

图 16

图 17

图 18

图 19

西山景区保护重点包括：保护西山"睡美人"山体轮廓完整；保护西山森林植被、动植物栖息地、地形地貌不被破坏；保护西山人文历史遗迹、遗址及历史脉络延续；保护西山原生态自然环境及人文环境的真实性、优越性、完整性。

七、景区发展规划——突出特色，拓展空间

规划针对不同功能区及资源特色，建立分片区发展计划，完善景区管理机构及管理体制，实现景区管理及时到位。分区域布局服务管理设施，满足景区战略发展需求。有计划地扩展景区游赏范围，形成更为合理的游览线路、功能分区及项目布局新格局。景区发展建设与石漠化、荒漠化治理同步进行，有效扩大景区保护成果，提升景区环境及景观质量。

龙门景区除必要的景点及配套服务设施建设

外，原则上不做新的项目用地开发，重点以现状项目提升改造为主，适当控制规模、加强环境的整治与优化。主要措施及保护建设重点包括：太华山庄提升改造项目；玉兰园提升改造项目；梳理沿龙门游览线路步行道路及登山古道；对梁王避暑台遗址遗迹、碧鸡寺、罗汉寺（海崖寺）、古驿道等古迹遗址进行发掘整理；启动小石林南侧山脊线一带裸岩地的生态恢复工程等。提升西山景区经典游览线路品质，塑造全新的龙门游览品牌形象。

后山猫猫箐生态体验片区是景区内规模最大的居民聚居社区。在传统的农家乐集中区，农家乐接待规模有 70 余家，400 多人口从事旅游服务行业。规划重点为产品提升改造及环境治理。主要措施及保护建设重点包括：严格控制农家乐建设规模及数量，重点对现状建筑及环境景观、特色塑造、规范管理等方面进行提升改造；严格环境及水源地保护，加强主要道路两侧的环境治理及农家生态景观建设；扩展高品质生态农业、生态林业、生态果园

的项目建设；规划布局与西山文化艺术、宗教文化相关的生态文化体验项目；完善基础设施配套，提倡环保节能型新能源的运用等。通过以上措施，促进区域农家乐全面升级换代，有效利用生态景观资源，引导居民提高认识，发展高端高效的生态型旅游产品。

石将军—大青山户外登山康体片区属西山"睡美人"轮廓线头部及胸部位置，位于西山景区的核心景区，景观以高山裸岩、草甸风光为特色，目前没有开展游赏活动。规划该区域项目建设采用生态恢复及生态教育相结合的方式，让市民树立起强烈的环保意识和改善环境的主人翁责任感，形成西山景区的一个新亮点。主要措施及保护建设重点包括：加强该片区林木培育与生态保育工作，结合环境治理开展企业团队及青少年群体为主的生态保护教育活动及植树造林活动；规划生态康体营地、野外自驾营地；设置自行车赛道及登山健身步道等。该片区建设以生态保护培育为主，采用生态培育示范地、生态教育、野营、登山探险、滑翔等活动相结合的方式，从功能上是传统西山景区游览的拓展，成为西山景区的一个独特的全新游览区。

黑荞母综合休闲娱乐片区位于景区最南侧，是离西山游览活动中心区最远的区域。南部区域较大，基础设施较差，加之生态植被环境不好等因素，目前尚未开展游览活动，保护管理的难度也很大。主要措施及保护建设重点包括：制定区域荒漠化治理计划；环境及景观建设；景区休闲娱乐、商务会议中心建设；市镇及配套设施建设等。现状区域荒漠化石漠化严重，治理难度较大，目前黑荞母村靠出租土地进行木材加工和建立花卉基地等获取收益。规划希望通过项目建设与生态建设捆绑结合，加快区域荒漠化治理，使荒地变绿洲，成为辐射滇池西岸、海口、太平新区等区域居民的休闲康体活动中心，同时也可以缓解龙门沿线高密度游览的压力。杨梅山水库扩容建设，缓解该区域缺水导致的荒漠化治理难度，加快区域生态环境建设步伐。该区域的发展建设将改变西山景区传统发展态势，形成整个景区平衡发展的局面。同时在功能上弥补景区原有的空缺，丰富完善景区游览内容。促进景区范围生态、社会、经济的全面协调发展。

八、结语

西山是当地居民生活不可分割的重要组成部分。在规划编制过程中，我们深切地体会到了当地居民对西山的热诚与深厚感情，规划编制中便更多地思考了风景名胜区保护与市民生产生活的关系，努力寻求一个合理的规划方案，保护建设好西山，建立和谐轻松的游览氛围，使游客在愉悦中游览，在游览中认识西山、保护西山。让西山这个城市近郊风景区成为周边市民及子孙后代永续享有的风景资源。

项目主要参加人：谢　军　陈杰琴　李　云

京津冀一体背景下对北京市绿色空间规划策略的思考

北京北林地景园林规划设计院／郭竹梅　徐　波　李　悦　朱慧婧

园林一词出现在汉代（公元1世纪），来自古代的游娱和畋猎苑囿，园聚如林；绿地源自古代的四旁植树和村宅园圃，有着防风避晒、表道固地和生产实用功能；园林绿地系统是由若干园林、绿地和相关要素按一定的关系组成一个整体。当代的园林绿地系统一般占城市总用地的20%～38%。

新时期首都建设和发展的根本方向是坚持和强化首都核心功能，深入实施人文北京、科技北京、绿色北京战略，努力把北京建设成为国际一流的和谐宜居之都。就绿色空间而言，需要为营造一流的生态环境、生产生活环境服务，为提升市民的生活品质和幸福指数服务。

北京市市域面积16410 km²。北京地处华北平原向西北黄土高原、内蒙古高原的过渡地带，地势西北高、东南低。平原地区约占全市总面积的1/3。经过多年的不懈努力，北京的园林绿化工作取得了显著成效。截至2013年底，全市森林覆盖率达到40%，其中山区森林覆盖率达51%，平原森林覆盖率20.85%。全市城市绿化覆盖率达到46.8%，人均公园绿地面积达到15.7 m²。

一、新时期对北京绿色空间环境重要性的再认识

（一）绿色空间环境是首都生态文明建设的绿色载体

十八大报告指出"建设生态文明，是关系人民福祉、关乎民族未来的长远大计"。北京作为国家首都，地位高、实力强，但目前却面临严重的生态问题：如蓝天难见、河水断流、过度开发建设等，资源环境承载着超负荷的压力，对城市本身的生存与发展提出了严峻的挑战。

绿色空间环境对于生态文明城市构建的作用不仅体现在绿地数量的增加，更重要的是通过对其绿色空间环境的合理保护和科学建设构建人与自然和谐的城市格局和生态系统。因此，努力将北京建设成为山川秀美、空气清新、环境优美、生态良好、人与自然和谐、经济社会全面协调发展的宜居之都，

从新高度引入新思维，探索首都绿色空间环境保护和建设策略，已成为首都发展必须思考的问题。

（二）区域一体化的绿色空间环境是加强京津冀协同发展的自然基石

京津冀一体化发展的重要性已上升到国家战略层面，实现京津冀协同发展、创新驱动不仅是面向未来打造新的首都及首都经济圈的需要，也是探索生态文明建设、促进人口经济资源环境相协调的需要。北京功能疏解、治理城市病等难题，仅从北京市的范围考虑很局限，根本出路是要自觉融入京津冀协同发展战略之中，统筹研究、协调推进，要在更大视野、更大范围内努力实现优势互补、良性互动，推动区域可持续发展。

北京在推动京津冀协同发展中肩负重要使命和责任，起着核心引领作用。首都绿色空间环境规划需统筹京津冀总体生态布局，推动更大空间内整体生态网络的构建，完善防护林建设、水资源保护、水环境治理等合作机制，通过绿色空间环境的系统性和结构性提升，增强生态服务功能，提高区域的整体环境水平。

（三）城乡一体化的绿色空间环境是构建和谐宜居之都的基本要求

北京市的城乡体系是由"中心城区—新城—镇—村庄"四级系统共同构成的。和谐宜居的首都环境应该是城、镇、村被优美的自然空间所包围，城镇内部的绿地与外部自然环境有机联通，形成城乡一体和谐的人居空间。因受长期城乡二元化体制的影响，现行的城市总体规划将"城"作为规划的核心和重点，对城市绿地做到了定性、定量、定位的控制深度，而对城区外围的绿地除了自然保护区、水源保护区之外，大部分绿地仅有结构性控制要求，

缺乏用地支撑和保障。从全市来看，城乡之间的绿地建设管理水平存在明显的差距。目前的规划和管理体制在构建城乡一体化的绿地系统布局方面仍有较大差距。

新时期的首都发展面临人口、资源、环境等众多的问题，只有将规划的重心由"城"向"城乡一体"实现真正的转变，绿地系统规划的重心从建成区向整个市域扩展，坚持城乡统筹共同构建一体化的市域生态空间布局结构，严格划定生态红线，用制度保护生态环境，当前发展与保护的矛盾关系才能得以缓和；只有对城乡接合部和镇村的绿地予以等同于城市绿地的关注和投入，从而提升全市绿地服务效能的均等化水平，休闲游憩绿地不足的困境才能得以破解。

二、北京绿色空间环境存在主要问题分析

回顾《北京城市总体规划（2004～2020年）》编制之后近十年的时间，北京市紧紧围绕"人文北京、科技北京、绿色北京"战略实施了京津风沙源治理、三北防护林建设、太行山绿化、奥运绿化工程、第一道绿化隔离地区公园环建设、第二道绿化隔离地区建设、11个新城滨河森林公园建设、绿色通道建设、东部和南部郊野公园的建设、湿地保护和湿地公园建设等一系列重大绿化工程，从2013年始启动了平原地区造林工程建设。目前，山区、平原、第一道绿化隔离地区三道绿色屏障基本形成，园林绿化建设为改善首都城市生态环境、促进经济社会发展做出了重要贡献。同时也应看到，与建设国际一流和谐宜居之都和绿色北京的目标要求相比，首都的绿色空间仍存在不少问题。

（一）园林绿化资源存在区域性总量相对不足

1. 中心城区各类绿地总量不足

截至2013年底，全市人均公园绿地面积已达到15.7 m²。按照北京市一直沿用的城市绿地普查方法，该指标是以户籍人口进行计算的，若以常住人口计算，全市人均公园绿地面积尚不足10 m²，而北京市高居不下的流动人口总量使得人均指标的实际数值还要更低。另外，在一直沿用的绿地普查及指标计算过程中，对建成区范围的划定存在随意性，不少城区在绿地面积统计中将非建设用地范围内的绿地计入了建成区范围，若减去此部分绿地量，建成区绿地率将会下降。

根据联合国生物圈与环境组织就首都城市提出"城市绿化面积达到人均60 m²为最佳居住环境"的标准，及世界卫生组织WHO推荐的国际大都市人均绿地面积40～60 m²和人均公园绿地面积20 m²为健康城市的标准，由此可见，北京作为首都城市，与国际公认的纽约、伦敦、东京、巴黎等世界城市的绿地指标要求还有一定的差距。

2. 新城、建制镇公园绿地总量不足

新城及小城镇的绿化环境建设起点不够高。与中心城区相比，北京10个新城的绿地现状水平并不具备宜居的环境优势，大部分新城的绿地率指标低于四个城区，从人均公园绿地指标来看，差距则更为明显。如此的绿化环境基础不具备疏减中心城区人口和功能的吸引力和竞争力。虽然小城镇的建设近年来保持了快速、持续的发展势头，对小城镇绿化建设尚未引起普遍性足够的关注，但大部分小城镇绿化基础较为薄弱，各类绿地总量较低，公园绿地不能满足使用要求，防护绿地不能满足防护要求，对附属绿地建设尚缺乏关注。小城镇的绿地环境现状与新型城镇化理念实现人的城镇化、让城镇居民享受媲美于城市公共环境的目标相去甚远。

3. 平原地区森林总量不足，环首都区域绿化总量差距较大

从全市来看，森林资源主要分布在西北部山区，2012年初北京平原地区森林覆盖率仅为14.85%，平原造林工程部分实施后，2013年底平原地区森林覆盖率为20.85%。而纽约、伦敦、东京、巴黎等世界城市森林覆盖率分别为的65%、34.8%、37.8%、24%，北京平原地区与之相比还有明显的差距。

河北省近年虽然在积极推进三北防护林、京津风沙源治理、退耕还林、太行山绿化、沿海防护林等绿化建设工作，但全省森林资源总量不足、分布不均、质量不高的局面没有根本改变，整体绿化还处于全国中下水平，与日益增长的生态需求不相适应，离建立完善的京津生态屏障还存在较大差距。

（二）结构不够完善

1. 中心城区绿地结构实施不到位

对照中心城区"两轴、三环、十楔、多点"的规划绿地结构，目前一道及二道地区、十楔的绿地连续性和规模效应仍然不够突出，绿地布局较为破碎、联通性不够。

按照2006年版《北京市绿地系统规划》，中心城区规划绿地约400 km²，目前已实现300 km²，仍

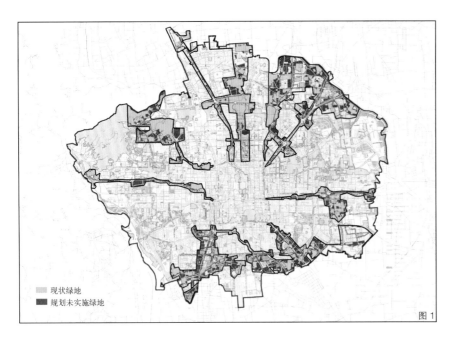

图1 十楔中未实现的规划绿地
分布图

现状绿地
规划未实施绿地

图1

有 100 km² 的实施差距。第一道绿化隔离地区规划绿地仍有 2800 hm² 尚未实现，而未实现地块范围现状大部分为未拆迁的建筑，拆迁难度逐年加大，绿地的进一步实施推进难度巨大。

十楔范围内规划绿地占总面积比例约 52%，绿地实现率目前约为 55%，即十楔范围内现有集中绿地约占总面积的 29%（图1）。不足 30% 的绿地率根本无法保障楔形绿地结构预期的通风换气、降低污染的生态功能。

2. 市域绿地结构落实不够，控制乏力

从市域范围来看，《北京市绿地系统规划》中确定北京市域绿地系统从整体空间上分为山区、平原区和城市建设区三个层次。其基本结构为：山脉平原相拥、三道生态屏障、平原林网交错、城市绿楔穿插。由于对城区外围绿化空间缺乏明确的用地控制要求和法律保障，绿地结构落实缺乏足够的空间保障，致使结构落实不够理想。如平原地区承载的第二道生态屏障存在绿地较为破碎，成规模的绿地不够，楔形绿色空间的绿地集中性不够，绿色通道连续性不高等问题，也直接影响到与中心城区绿地结构的衔接和系统交换能力的发挥。

3. 京津冀区域绿化结构缺乏有机的衔接

近 10 年虽然对京津冀地区城乡空间发展规划方面做了思考和研究，但由于对如何从区域层面更好地构建绿色空间格局缺乏明确具体的结构性指导，京津冀区域的绿化建设仍处于各自为战的状态，北京的绿地布局结构对外衔接和依托都显不足，再加上周边区域的绿地环境建设与首都绿地建设在实际投入上存在较大的差距，当前现状与区域绿地环境一体化格局的目标相去甚远。

（三）绿色空间布局不够合理

1. 中心城公园绿地 500 m 服务半径覆盖存在盲区

根据《生态园林城市标准》及《城市园林绿化评价标准》中一级标准的要求，城市公园绿地 500 m 服务半径应达到 90% 以上。在不断增长的人口的压力下，中心城区现状公园体系皆在超负荷运转，不能满足居民日益增长的绿色休闲需求。根据市园林绿化局开展的调研工作，全市公园绿地 500 m 服务半径覆盖率为 73.8%。

2. 中心城区综合公园分布均好性不够

中心城区在公园总量不足的同时，还存在综合公园数量不足的问题。现状中心城区约有近 70 个综合公园，长安街以南区域综合公园分布较少，其中颐和园、天坛等历史名园占综合公园总面积比例为 16%。超负荷的综合服务功能已使历史名园不堪重负，同时也增加了历史文化遗产的保护难度。

3. 不同城区之间绿地指标差距明显

从全市城市绿地统计指标看，整体指标尚可，但从各区情况来看，城六区人均公园绿地指标差别显著，西城区仅为 3.34 m²，朝阳和石景山区则超过了 25 m²，指标相差 7 倍多。至 2013 年，西城区现状绿地率仅为 20.78%，根据《城市园林绿化评价标准》城市园林绿化一级评价标准：城市各城区人均公园绿地面积最低值为 5 m²/人，绿地率最低值不得低于 25%。

4. 平原地区森林资源分布较为零散

从平原地区森林分布形态和规模来看，沿河、沿路的林带和农田防护林网占较高比例，集中连片且规模在万亩以上的片林仍不够多，平原地区森林呈现出破碎化、集中规模不够、绿色通道连续性不高、森林类型比较单一等问题，平原造林取得的巨大成果仍没有落实森林向九个楔形绿地大规模集中的规划建设初衷，平原区森林资源尚未构建完整的体系，所以森林对改善城市的整体生态环境作用尚需进一步提升。

三、存在问题总结

分析上述绿地结构、数量、布局等方面的问题，从总体规划的角度对存在的问题做出以下分析和总结。

（一）现行规划在园林绿化方面存在先天不足

因受长期城乡二元化体制的影响，现行的城市总体规划将"城"作为规划的核心和重点,对城市绿地做到了定性、定量、定位的控制深度,对城区外围的绿地除了自然保护区、水源保护区之外,对其余大部分绿地仅有结构性控制要求,没有明确的生态控制线和范围。由于农村地区更多地以国土规划为主要规划依据,而国土规划以基本农田、建设用地为主要规划对象,因此,农村地区的绿地长期处于"无边界、无法制"无规可依、控制乏力的窘境。上述情况是市域绿地布局结构无法真正落实、绿地建设落地困难的根本原因。

(二)现行规划对规划绿地总量和布局合理性考虑不足

根据 2006 年版《北京市绿地系统规划》对中心城区现状公园绿地和规划公园绿地服务半径的分析,规划公园绿地 500 m 服务半径仍存在不少盲区,规划并未从用地上予以足够的保障。各区绿地系统规划通过多种手段对规划公园绿地进行补充后,仍然存在无法覆盖的服务盲区分布,其中丰台区、海淀区盲区较多(图2)。

(三)城市开发建设挤占绿化建设用地

面对城市建设激烈的用地争夺,现状绿地流失严重,部分现有绿地在规划中存在被建设占用、违法占用、在规划中流失以及在规划实施过程中指标不断缩水等改变用地性质的威胁。

四、重点策略建议

(一)对绿地空间布局结构的建议

1. 构建京津冀一体化绿地格局

京津冀协调发展,是改善北京环境乃至治理华北污染的前提条件。北京绿地空间规划必须自觉融入京津冀协同发展的国家战略中,共同构建以首都为核心的安全健康的"生态网络"结构。京津冀"生态网络"结构需从大区域范围统筹考虑"山、水、林、田、城"的和谐相容,形成"绿屏+绿廊+绿环+绿心"绿网相通的生态安全格局。

2. 市域绿地布局结构的优化建议

对市域绿地布局结构优化的核心目的:第一,强化对西北部生态屏障的保证;第二,加强山区和平原地区的生态联通,提升平原地区的生态功能;第三,引导并建立城镇建设空间和自然空间的有机融合关系,控制城镇无序扩张。市域范围拟构建"以

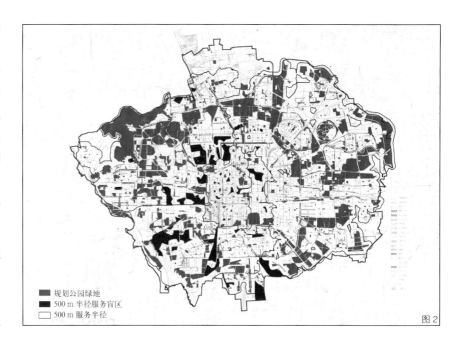

山为屏、森林环城、九楔放射、四带贯通"的大生态格局,形成"复层森林生态圈"。

3. 中心城区绿地布局结构的优化建议

《北京市绿地系统规划(2006~2020年)》中"两轴、三环、十楔、多点"环状加放射的绿地结构较好地结合了中心城区分散组团式的整体布局结构,但十楔落实存在困难。因此,结构优化的重点是:加强结构控制区域与绿地空间的耦合关系,为结构落实提供保障。因此,建议中心城区绿地布局结构优化为"两轴、三环、九楔、多园"。

两轴:沿南北中轴、长安街及其延长线的绿地。

三环:第一环,沿二环护城河及环二环公园形成的旧城绿色城墙;第二环,由四环百米防护林带、第一道绿化隔离地区公园环、五环防护林带共同构成;第三环,在边缘集团外围打破中心城区边界构成城乡一体的森林环。

九楔:根据绿地空间的连续性、规模集聚程度等因素重新划定九楔范围,去除原规划中沿 G6 高速公路两侧的狭窄的楔形绿地,将城区九楔与市域九楔在空间上进行衔接(图3)。

多园:用多园代替多点以强化对公园绿地体系的规划保障。

4. 新城、小城镇绿地布局结构模式探讨与建议

优化新城、小城镇的绿地空间布局。在结构层面强调环中心城区、环新城、环镇村外围的绿环布局。通过楔形绿地、绿道、河流等生态廊道沟通城镇内外的绿地空间,在城镇内部合理布局不同规模、功能互补的公园绿地,形成"绿环围绕、绿楔渗入、绿廊连通、绿斑镶嵌"的结构模式。

图2　规划公园绿地 500 m 服务盲区分布图

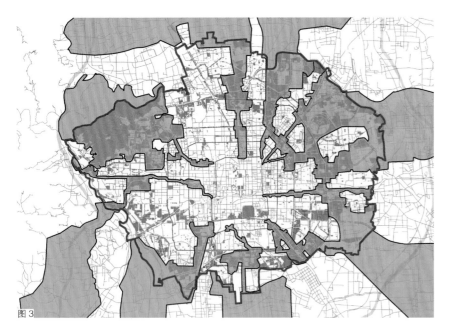

图3

图3 优化后的中心城区九楔示
意图

（二）对市域绿地空间规划控制重点的建议

1. 严控生态空间底线，划定生态红线，使环境绿化建设具有基本保障

坚持"三规合一"，即城市规划、土地利用规划、经济社会发展规划相协调，依据"尊重自然、顺应自然、保护自然"的原则，综合考虑生态保障、防护隔离、休闲游憩等需求，结合生态空间底线及城市建设发展要求，划定生态红线，明确城市增长边界和不可触犯的生态空间底线。市域的生态红线划定范围主要包括具有生态保障功能和休憩功能的各类生态空间。

2. 从自然保护和恢复的角度提升市域绿地系统的健康和稳定性

规划须按照"以山为屏、森林环城、九楔放射、四带贯通"的格局，以塑造可持续的宜居城市为目标，将绿地系统作为城市的"绿色基础设施体系"和"生命支撑系统"去构建。市域绿地空间规划应更多地关注自然生态系统的保护和恢复、环网状生态网络的连续性和稳定性，追求生态网络系统效能的最大化。规划重点包括：强化并加固山区生态屏障；通过生态红线划定明确第二道生态屏障及第二道绿化隔离地区的生态空间底线；保障生态廊道体系的连续性和可达性；根据系统的需要合理布局块状绿地空间，加强对重要生态节点、生态敏感区的生态保护、修复和加固型建设。

（三）中心城区绿色空间发展策略建议

1. 体现以人为本的发展理念，构建完善的游憩绿地体系

游憩体系规划中突出以人为本的发展内涵，围

绕市民的真实需求和城市全面发展，通过合理的公园绿地体系规划、绿道体系规划和自然游憩空间规划提升首都绿化的公共服务能力、游憩服务特色和均等化服务水平。公园绿地作为城市应急避难体系的重要组成部分，公园体系的构建对应急避难体系的完善可形成最有力的推动。

全市统筹构建一体化、内外互补、特色多样、层级合理、服务便捷的游憩绿地体系。规划绿地应满足居民出行500 m到达公园绿地的需求，在保证综合公园的用地规模和均好性的同时积极拓展小微绿地空间，作为公园绿地体系的微补充。通过绿道的建设增强绿地系统的联通性，增加城市健康休闲空间并丰富其功能，展示首都的魅力。

2. 保障第一道绿化隔离地区的绿地规模，为实现"百园环京城"的目标奠定基础

一道绿化隔离地区是中心城区分散组团式布局的绿色保障，一道绿地的建设和保护，不仅构建了生态屏障，控制了城市蔓延，而且支撑着城市的发展，为首都发展做出了重要贡献。目前一道地区尚有近20 km²的绿地尚未落实。另外，根据《第一道绿化隔离地区公园环总体规划》，占隔离地区的绿地总量70%的规划公园绿地目前仍有近一半尚未落实。规划应继续发挥一道绿地对城市扩展的约束作用，保证一道的绿地规模占比，并通过划定生态红线（绿线）增强绿地的规划和实施保障。

3. 水绿结合，加强滨河公园的联通性，一体构建生态、休闲、景观走廊

"绿因水而活，水因绿而美"，沿清河、永引渠、长河、昆玉河、护城河、凉水河、亮马河、坝河、北小河、通惠河、萧太后河、大羊坊沟构建城市最重要的生态走廊，保证河道两侧绿地的宽度规模和联通性，通过滨河公园建设丰富城市休闲空间，增加城市的灵气和活力。

4. 在热岛效应明显的区域补充绿地

根据多年热岛分析结果对热岛集中区域如南三环至南四环大红门和小红门之间区域、西客站周边区域、丽泽桥周边区域等增加规划绿地，通过绿地建设缓减城市热岛效应。

（四）京津冀园林绿化空间发展策略建议

京津冀区域在系统、安全、健康的"生态网络"格局指引下，充分保护并整合区域生态空间，推动区域生态环境保护合作、扩大区域生态空间，增强生态服务功能。通过生态基础设施的高效衔接，实现区域优势互补、良性互动、共赢发展。具体策略如下：

1. 加固环首都区域燕山、太行山生态屏障

强化坝上高原防风固沙生态功能区、燕山及冀西北丘陵山地涵养水源生态功能区、太行山保土蓄水生态功能区的建设。保护并涵养京津重要的水源地，跨区域治沙，阻止风沙入侵，提高集水山地水源涵养能力，防止水土流失，缓解水资源危机。研究划定环京津生态林带、京津风沙源治理区、"三北"防护林区、滦河—潮河—辽河上游水源保护区等的具体范围，以塞北、千松坝、御道口、白洋淀上游、冀东5个百万亩生态林场为重点形成大型生态核心。

2. 构建环北京大型生态林带

结合环京津地区规划建设的生态林带以及北京市平原造林工程格局，在环首都东南部平原区构建大型生态林带，与西北部山区生态屏障共同形成环北京森林圈。生态林带以森林为主，包含农田、水域等自然空间，生态林带应主要布局在环北京周边不同的建设组团之间，如通州新城与三河之间、新航城与固安和廊坊之间等。

3. 构建大型生态走廊

沿滦河、潮白河、温榆河—北运河、永定河、拒马河、子牙河构建水系生态廊道，滨河生态廊道两侧永久绿化带不得低于200 m。顺延北京市东部及南部的五条绿楔，形成大型通风廊道，绿楔绿色空间比例应大于65%。沿主要的交通干道如京平、通燕、京哈、京津、京沪、大广、京港澳等形成防护型经过绿廊。适合游憩的空间可将绿道与生态走廊进行统一规划。

五、相关研究建议

科学的规划需要对存在问题及发展需求进行深入的调查分析和总结，《北京城市总体规划》的修改需要对规划实施情况进行跟踪调查及详细评估，新的规划指标、布局等内容也需要前期进行大量的分析论证，通过数据乃至模拟模型的分析为规划的制定提供科学的支撑，因此，为了进一步提升规划的科学性，仍需进一步开展以下相关研究工作。

（一）与绿地实施评价分析相结合

第一，开展城乡一体的绿化普查工作，统一城乡绿地统计口径，增加与国外数据的可比性。第二，建议进行全市绿地生态效益评价研究，从系统的角度综合考虑城市绿地系统的生态效益，制定完整的评价体系，统一最终的评价结果，从而使绿地生态价值具有横向与纵向可比价值。分析规划绿地的可实施情况，为增加规划的可实施性提供支撑。第三，全市深入分析目前公园绿地500 m服务半径存在的盲区，与人口分布、公园规模、出行路径相结合进行分析，提出实际的缺口数据，从总体规划阶段在用地上予以保障。

（二）与气象研究相结合

通过都市环境气候理论与技术从城市气候与环境学角度分析宏观、中观和微观尺度下城市绿地布局现有的问题，从改善城市风环境和提高新风流通量、降低城市热岛效应、降低空气污染和改善空气品质等方面对绿地布局的决策提出建议，提升城市绿地布局的合理性。

（三）与生态研究相结合

通过对不同规模绿地生态效能的模拟数据计算或分析提出对绿地规模、宽度等方面的数据支持，研究绿地的规模效应和结构形态的连接关系，为绿地的布局和规划要求的提出提供支持。

（四）与政策、法规研究相结合

对不同类型绿地建设，尤其是市域范围利用集体土地进行绿地建设中涉及的政策、法规等进行研究，以支撑合理的规划对策。

项目组成员名单
项目负责人：郭竹梅　徐　波
项目参加人：李　悦　朱慧婧　陈　宇　佟　跃

增城市挂绿湖滨水区景观规划设计

北京清华同衡规划设计研究有限公司风景园林研究中心／刘　剑　刘永欢　王健庭

一、项目概况与背景

（一）项目概况

挂绿湖滨水区位于增城市挂绿新城。挂绿新城依托挂绿湖水利工程构建，规划面积65 km²，挂绿湖滨水区则是其生态核心区域，面积约27 km²（图1、图2），分布在挂绿湖沿岸地带。

（二）项目背景

广州"123"功能布局：将增城定位为以水城、花城、绿城为特色的广州城市副中心，建设生态、休闲、智慧、幸福增城。

山水田园，城湖一体：挂绿新城的规划是建设广州东部城市副中心的重要举措。挂绿新城与挂绿湖共生共融，彰显山水田园城市的新形象。

从环湖绿道到滨水区景观：从最初的环湖绿道建设扩展到滨水区的整体景观规划，挂绿湖滨水区成为山水田园新城诸多功能的载体。

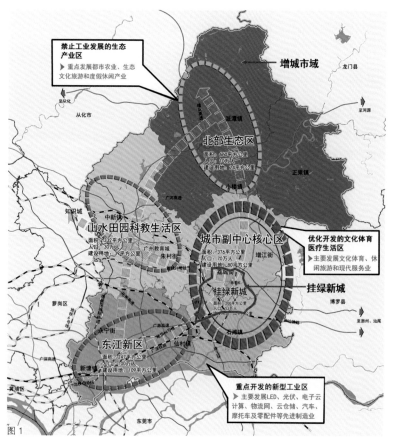

图1

图2

二、项目难点

（一）紧邻城市的大面积农林用地如何保护、利用

挂绿湖滨水区内除水域与少量城市建设用地外，大部分为农林用地。作为规划后的挂绿新城生态绿地系统的主体，这些面积巨大的农林用地一方面与城市关系密切，是新城的生态核心；同时又紧邻城市，面临城市扩张的影响。

（二）滨水区景观如何传承增城厚重的乡土文脉

增城自东汉建安六年建县至今已有1800多年的历史，历史文化积淀深厚。另一方面，挂绿湖水利工程湖体开挖之前，场地中有大量的客家与广府村庄以及祠堂、学社等历史文化古迹，挖湖之后虽然部分村落整体拆迁，但多数古迹仍保存完好，周边仍有完整的村落存在。挂绿新城和滨水区景观规划应依托现有山水脉络等独特风光，让城市融入大自然，让居民望得见山、看得见水、记得住乡愁。

乡土文脉传承不能仅停留在文化馆、博物馆的建设，也不能仅落在文字上、标识系统上，而是应将文化传承在生活中。站在风景园林师的角度，便是提供一个场所，留下一片土地，让本地人在这里生活，让外来人在这里体验与感悟，让增城的文脉、场地的精神真正得以传承。

三、规划主题

规划主题为：从风景到风土——山水田园的人居梦想。

挂绿新城的规划定位即为山水田园新城，而滨水区作为山水田园新城诸多功能的载体，更应突出的是对传统人居生活的回归与升级。曾经我们的村子之外就是田园，田园之外就是山水。自然不仅是可看的风景，还是动植物的栖息地、人类的农业生产基地、认识世界的课堂、调节人居环境的生态设施、借景抒怀的心灵家园、曲水流觞的休闲场所。

在挂绿新城的规划建设中，被冲击最严重的是传统村落中的乡土社会关系，家乡、宗族这些支撑着中国文化的最小单元在城市化进程中被打散，而在广州地区还或多或少保留着氏族传统和乡土文化。在这里我们试图存续的不仅仅是以家庭氏族为单位的族群，还在包含其中的人与人之间的交流与联系，为不同爱好的人群提供交流、聚会的场所，并建立一种新型社区关系。

四、规划策略

（一）塑造山水城市风貌

通过GIS高程分析可以清晰显示场地"两山两水"的地貌特征（图3）。东部山形挺拔，与北湖比例关系和谐，是东部城市滨水岸线的视觉焦点。西部山体连绵而俊秀，成为广阔南湖的山体背景。

在规划设计过程中我们充分尊重场地的地形特征，以"两山两水"为基础，塑造山水城市风貌，并有意识通过观景点的设置、景观塔的建立、视觉廊道的建设等，使这种场地特质和山水地貌特征更加凸显，构成城市的基本山水骨架（图4）。北湖感受城市水景，城市地块与山水充分互动，南湖体验郊野湖泊，城市与田园互动。

1. 夯实山水骨架

（1）基于山体坡度的竖向改造

挂绿湖沿岸由于山体开挖形成诸多坡度大于25°的坡面（图5），结合原地形调整岸线走向，将湖岸线局部外扩，减低坡度（图6）。

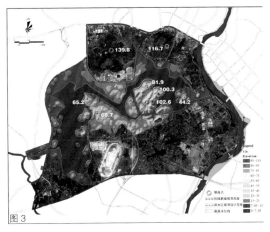

图3

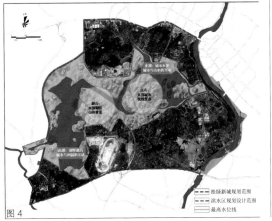

图4

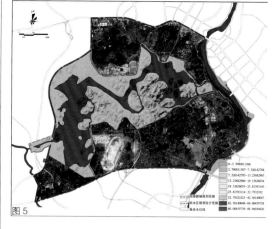

图 5

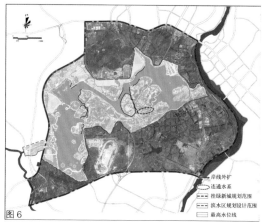

图 6

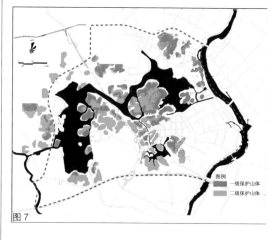

图 7

（2）基于水体流场的竖向改造

结合地形特点，打通北湖通向南湖的第二条通道，促进两湖之间的水体流动（图 6）。

2．展示山水形象

（1）基于缩短视距的竖向改造

根据山水地形视线分析，南湖南北距离超过 4 km。通过对杭州西湖、惠州西湖、济南大明湖等案例的视线综合分析，视距缩短到 1.5 ~ 2 km 较为合适。因此本案通过保留规划拟挖山体、设置景观桥的方法，缩短南北视距，增加南湖沿岸视线感受的丰富度。

（2）基于视线视点分析的观景点、标志物设置

通过现场勘查，东部山体为核心的三座山脉成为

场地主要视线焦点，山水关系及尺度也非常适宜，且东部滨水沿岸城市功能多样、滨水活动丰富、人群聚集，因此东部的观景点和视线廊道的塑造也最为丰富。挂绿湖西部水面大，视线方向以浩瀚的湖面为主，背景山连绵而隽秀，岛屿、半岛之间形成看与被看的视线廊道，步移景异，与东部感受截然不同。

基于视线视点分析，合理设置观景点、标志物，提供多尺度、多角度的自然与城市观赏感受，使自然与城市充分融合，形成独具特色的山、水与城市的关系。

3．保护控制山水风貌

（1）基于视野的山体保护

从场地的主要道路、湖体沿岸、水上游线的主要观赏面以及制高点视线的观赏面出发，以山脊线为分界点划定出一级保护范围和二级保护范围。其中一级保护范围为重要视觉焦点和较直接的山体观赏面，二级保护范围为较次要的山体观赏面。

（2）基于坡度的山体保护

通过 GIS 坡度分析，划定坡度大于 20° 的山体为保护区。

（3）基于施工创伤面的山体修复

对于施工过程中造成的山体破坏以及目前已在实施的桉树林退出计划中的树木砍伐造成的山体破坏进行修复。

综合以上三方面划定山体保护与修复区，并制定相应规划控制要求（图 7）。其中一级保护范围内禁止大面积的树木砍伐，植物更替须循序渐进，禁止破坏山体形态的建设开发行为，对于已经破坏山体优美形态的重点区域先行修复。二级保护范围内禁止大面积的树木砍伐，工程项目须优先保护环境，严格控制用地规模和开发强度，加强各项配套环保及绿化工程建设，可于二期进行山体修复。

（二）构建生态基础设施

1．雨洪管理与水质保障

（1）基于水体流场分析的水体净化对策

利用 EFDC 水动力学模型，将挂绿湖水系划分为 100 m × 80 m 的矩形网格，作为水动力模拟的单元，进行水动力流场模拟分析（图 8）。挂绿湖联合水系在空间上虽具有较好的流速分布和流动性，但局部水域水流不畅，流速缓慢，以至于形成死水区。这些缓滞流区（死水区）必将是污染物相对集中的水域，也是水质容易恶化的区域。规划在缓滞流区依据水深条件合理布局人工湿地、浮岛，充分发挥湿地净化功能，前期进行人工干预，促进湖内新的生态系统的形成，后期则以自然恢复为主。

（2）基于坡地汇流分析的雨洪管理及水质保障对策

基于场地DEM（数字高程）数据，分析场地汇流（图9），预留雨水径流入湖通道，在入湖通道处及城市雨水排出口位置规划植草沟、雨水花园、人工湿地，进行低影响开发，对雨水特别是初期雨水进行截蓄和净化。坡地汇流区域应注重生态防护，划立源头保护区，构筑空间防控格局，开展林木恢复，植草种树，开展生态涵养和水土保持，定期开展淤泥监测和水质常规监测，建立预警预案体系。此外，分析场地污水可能出现的区域，规划处理坑塘，在城市污水处理设施未齐备前预先对污水进行沉淀净化等无害化处理。

综合以上对缓滞留区、雨水入湖区、污水区等的整治措施构成场地总体的雨洪管理与水质保障策略（图10）。

2. 植被改造

场地的植被现状特点主要有两方面：一是典型的经济林，种类单调、季相单一、空间密集；二是丘陵地形导致视线局促，开阔地带不足，不利于植物整体景观的营造。

整体植被改造遵循以下几大策略：①增加植物种类，尤其是乡土树种，建立完整乡土植被群落；②重点地段配置季相变化明显的植物种类；③设计丰富的林缘线和林冠线；④保留以荔枝林为主的果树林，成为主要乡土记忆和游览要素；⑤配合游览线路配置植被景观，形成游览特色；⑥适地适树，注重小气候与微地形对植物生长的影响。

具体规划设计落实为：①环湖绿道两侧50 m范围为重点植被改造区域，结合雨水花园等生态设施，营造有地域特色的植物景观，也是城市的山水形象展示界面；②对山体创伤面开展植被恢复工作，选出急需修复的区域，以乡土物种为主，恢复绿化；③湿地及湖体消长带根据水深布置湿地植物；④保留场地中现有植被群落，将荔枝林塑造成为特色景观，结合景区游览，开展荔枝节庆和采摘等活动；⑤人工逐步去除桉树等入侵树种，通过自然演替形成稳定的乡土植被自然群落（图11）。

（三）传承增城历史文脉

1. 增城文化梳理

（1）增城山水文化

增城位于广州市城区与罗浮山交界处，东有罗浮山环抱，西部有九连山脉环抱。母亲河增江自北向南汇入珠江，地理上山环水抱、通江达海（图12）。增城地名正源于昆仑仙山，与仙山相对应的

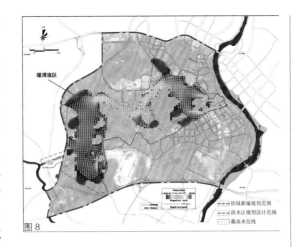

图8

图9

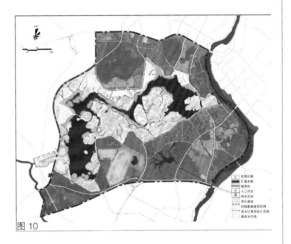

图10

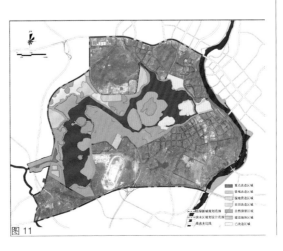

图11

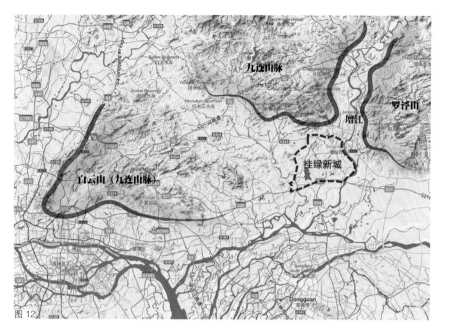

图 12

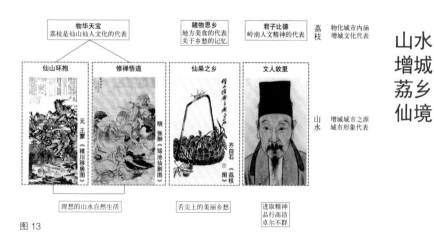

图 13

图 14

山水
增城
荔乡
仙境

对荔枝的赞美络绎不绝。荔枝也有讥讽时事，隐喻去国怀乡、怀才不遇。

（3）山水增城、荔乡仙境的典型文化特质

增城物华天宝，荔枝便是仙山仙人文化的代表，是城市内涵的物化，是增城文化的代表。山水是增城城市之源，是城市形象的代表。"山水增城，荔乡仙境"是增城的典型文化特质（图 13）。

2. 规划设计策略

（1）海上仙山文化梳理

以东部靠椅山为主体，结合万寿寺佛教主题区域，营造海上葱郁仙山的意境。其他区域整合仙道传说、古景遗址等设置节点，如何仙姑之仙姑庙、葫芦井，鹤龟传说之白鹤寮、金龟⊡景区，增城古八景之一的燕石翔云，西瓜岭窑址公园和围岭遗址等。

（2）策划荔枝旅游项目。

挂绿荔枝举世闻名，荔枝文化的展示与活动的展开更是对本土文化的一种展现与传承。

结合场地现状从 5 个层面策划荔枝旅游项目：①荔枝文化景观，以荔枝博览园、挂绿荔枝园、荔湖广场为主；②荔枝采摘园，结合场地现存荔枝园，与环湖绿道的一级、二级服务驿站相结合共同打造荔枝采摘园体系；③荔枝旅游线路，主要为海上访荔半天游与自行车环游品荔一天游；④荔枝节庆，以荔枝为主要线索与创意点，形成荔枝创意文化节、挂绿仙子评选、挂绿荔枝拍卖会、荔枝珠宝首饰博览会、妃子笑唐装设计周等活动；⑤荔枝衍生品配套，包括荔枝卡通形象塑造、荔枝儿童游乐场、荔枝巴士、荔枝主题酒店等。

（3）孕育城市自然文化。

以乡土体验、自然教育、山水悟禅和自然休闲节庆为主。利用场地良好的自然山水环境以及与城市的紧密距离，以回归土地的方式营造适应现代城市"本地生活"的土地，通过农事劳作、田园生活、乡土风景重建人与土地联系的场所。孩子们可以在真实的大自然里玩泥巴、做手工，用树叶作画，并以自然特有的变化多端与四季恒常疗愈儿童以及成人心灵的创伤（图 14、图 15）。此外，场地结合万寿寺在靠椅山形成佛教文化主题游线，以在自然山水中体悟为主要目标，共同形成挂绿湖区域独特的城市、自然与人的文化。

（4）留住挂绿山水乡愁

主要从 3 个方面延续乡愁记忆：①村落拆迁后村名、地名仍得以传承，运用到公园、景区、车站命名中（图 16）；②尽可能保留原有的乡土植被与农耕机理，并赋予新的使用功能（图 17）；③传承

是增城的道教与佛教文化，人称"仙佛"之乡。这里更孕育了"随处体验天理"的大教育家湛若水与"以天下为己任"的南宋丞相崔与之。

（2）增城荔枝文化

增城是全国著名的荔枝之乡，荔枝种植时间绵长，不易得且不易保鲜。同时，荔枝又具有多样的文化内涵。荔枝仿若仙果，文人墨客喜好以荔会友，

村落文化，在回迁安置区周边规划不同主题的乡村公园，成为维系村民乡土氏族关系的纽带以及村落文化的展示窗口（图18）。

图15

（四）孕育多彩田园生活

1．绿色交通

滨水区内倡导绿色交通，分片区采取机动车管制措施，实现外围公交车、机动车与场地内停车场、服务站、自行车租赁系统的无缝对接，针对具体需求在相应地段增设专用机动车道。通过合理设置桥梁，构成1个环湖交通体系和4个分区交通系统（图19）。环湖提供多种交通方式，既满足游览的需求，同时也成为周边城市区域往来的通勤方式（图20）。

图16

2．自在生活

绿地与城市功能互动，营造多彩自在生活。全区按景观功能分为人文水岸区、中央公园区、生态田园区、郊野休闲区以及自然水岸区，展现场地不同的生活方式与体验。同时塑造挂绿湖四大名片——山水、挂绿荔枝、绿道和文脉。构建9条特色旅游路线，如荔乡仙境游、亲子科普游、水上娱乐游、乡土民俗游等，时间多为半天到一天，可与环湖绿道服务站良好结合，方便出行。

图17

3．复合绿道

环湖绿道设置三级服务站和一处游客集散中心，提供完备的配套设施。绿道平面形式本身就成为整个滨水区的导引系统，串联自然科普、服务设施系统、景区景点、体育运动、公共交通等功能（图21）。

标识系统的设计传承珠江三角洲绿道标识系统风格，同时利用颜色与绿道形式区分服务设施、公共交通、景区景点、体育运动和自然科普五大系统（图22）。同时利用绿道规划城市的马拉松赛道与自行车赛道，丰富城市生活。

图18

五、对农林用地景观规划的思考

挂绿湖滨水区内除水域与少量城市建设用地外，大部分为农林用地。这些农林用地深入城市中央，造成规划管理者和土地使用者在概念上的模糊。在这种情况下，我们首要的态度是保护这些农林用地，以防城市建设的无序侵占。另一方面，身处城市中心区黄金地段的大面积农林用地，本身大多不具备风景区的价值，但也不能按照农林地的要求继续从事低附加值的传统农业生产。若没有符合其特征且被城市需要的项目引入，往往面临被城市以各

图例
- 码头
- 停车场
- 公交接驳点
- 主路—10 m（绿道）
- 次路—6 m
- 支路—4 m
- 挂绿新城规划范围
- 滨水区规划设计范围
- 最高水位线

图19

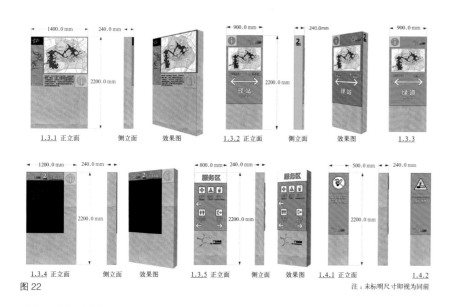

图22

注：未标明尺寸即视为同前

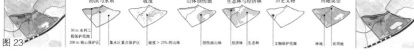

图23

种名义慢慢蚕食的威胁。于是构成我们对这些农林用地的第二个态度——合理利用，即从风景园林师的视角出发，对城市中的农林用地做系统的研究与规划，重新审视农林用地对于城市的价值。并在现有规划法规框架之下探索农林用地的新型城市服务功能，既是对农林用地最好的保护，也是农林用地价值的体现，更是农林用地可以留在城市的理由。

基于这样的思考，我们试图用类似于城市控规的指标控制方式，从农作物比例、乡土元素、种植方式、游客容量、生物多样性、生态敏感性、自然山水视觉控制等方面量化控制农林用地，分析出可开发利用的区域和需要绝对保护的区域（图23）。但在实际工作中，由于缺乏相关领域的研究积累，以及无法突破现有政策红线，规划成果可操作性不强。更多以划定山水城市风貌保护区、生态缓冲带的方式对农林用地实施保护，并从治疗城市自然缺失症的角度对农林用地业态的选择提出了引导性规划。

希望借此项目作为起点，通过不断的实践与思考，探索一些切实可行的农林用地景观规划的方法。

项目组成员名单

项目负责人：刘 剑

项目参加人：刘红滨 刘永欢 王健庭 赵海璇
　　　　　　宋丽媛 罗 昕 尚 婧 尹清振

项目演讲人：刘 剑

图20 环湖多种交通方式
图21 绿道串联服务设施
图22 环湖绿道标识系统
图23 农林用地控制要素分析图

上海外环线环城林带绿道概念规划

棕榈园林股份有限公司　棕榈设计有限公司／许华林

一、引言

上海外环线环城绿道位于上海市快速路外环线两侧，有多条城市主干道穿越，途径8个区，19个集镇。外环绿带全长98.42km，规划设计范围总用地面积62.5km²。涉及宝山、普陀、嘉定、长宁、闵行、徐汇、浦东新区7个区。

2006年上海全面启动了外环生态专项建设，已与外环线同步建成宽度100m的林带。现在原有100m林带的基础上着力打造串联城市公园、自然保护绿地、广场、水岸等开敞空间和公共设施，承担城市组团间游览联系、绿化隔离功能的绿道（图1）。绿道主要包括由自然因素所构成的绿廊系统和满足绿道游憩功能所配建的人工系统两大部分。通

过设立慢行交通网络，提倡"绿色出行"和"低碳环保"的绿色生活方式。并以绿道为载体，带动周边旅游产业和观光农业等新型旅游产业的发展，促进经济转型升级。

二、主要面临的问题及解决策略

问题一：基地中现有的游步道和慢行道路较少，多为林带养护便道且道路破损严重；基地中有多条现状水系，各个区块之间的交通状况也较复杂，存在着快速路、市政路、立交桥、通航河道并存等一系列的问题，有碍绿道慢性网络的环通（图2）。

结合现状的自身条件，通过如下措施解决(图3)：
①尽量沿用林带和公园中自有路网体系，对

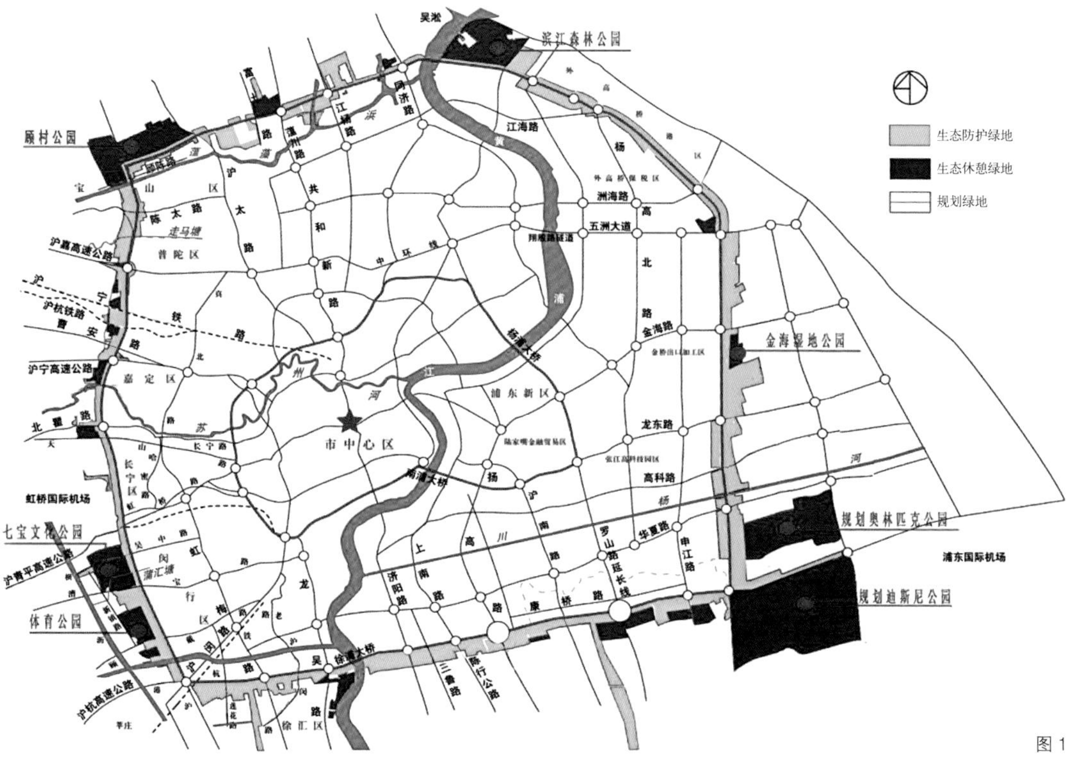

图1　上海市外环线环城林带绿道规划示意图

图1

图2

此处为茅柴沟河道，建议新建桥涵和道路，以贯通南北两侧绿道。

此处为三号河河道，建议新建桥涵和道路，以贯通南北两侧绿道。

此处为60 m宽的川扬河，无法满足绿道贯通，近期建议河道两侧绿道各自循环；远期建议设置桥涵贯通绿道。

此处为华夏立交桥，建议绿道借用立交桥下穿，以贯通北侧华夏公园内部道路。

此处为丰收河河道，建议新建桥涵和道路，以贯通南北两侧绿道。

此段为公园现状道路，建议借用该道路体系设置绿道。

图3

图4

路面铺装已开裂、绿化边缘侧石损坏导致界限不明、路面坑洼存在安全隐患等问题进行局部改造和整理。

②尽量减少新增道路，在局部条件限制情况下，借用一部分市政路网体系并设置指向性标示，对整个外环绿道体系进行环通。对于新增道路以就近原则，接入原有林带和公园自有路网连接整个绿道路网。

③考虑到外环线林带中涉及多条河道，建议设置桥涵以保证绿道的环通。如遇大型的通航河道，建议采取轮渡的方式，以保证整个绿道的环通。

问题二：现状植被茂密，但品种比较单一，缺乏变化，植物搭配比较杂乱，分布凌乱缺乏组团关系，没有明显的季相变化，水体富营养化严重，藻类植物较多（图4）。

通过如下措施解决：

①适当的梳理现有林带中的植物并减少植物数量，以保证植物有良好的生长环境。在慢行交通道边，以高大的乔木形成背景，以中小乔木形成中景，以观花观叶等灌木形成前景。在开阔地处可以补植一些灌木、地被植物，以为色彩、季相表现为考虑因素进行配植以形成植物组团，在水岸边增加固坡涵养能力强的灌木、藤本植物和地被植物。

②栽植水生植物以净化水体、提高水质，增加河道景观性和生态性，通过一系列的植物组团种植形成一定的景观序列。

问题三：基地中缺乏相应的配套设施和公共活动场地，基地吸引力不足。

通过如下措施解决：

通过设置新型驿站形式的休闲服务场所，如信息咨询、餐饮、零售、行人休憩、自行车停放租赁等服务网络，为游人提供便民服务以及提供游览中必要的休憩设施（图5～图9）。

图例：
- 一级驿站（4个）
- 二级驿站（10个）
- 三级驿站（34个）

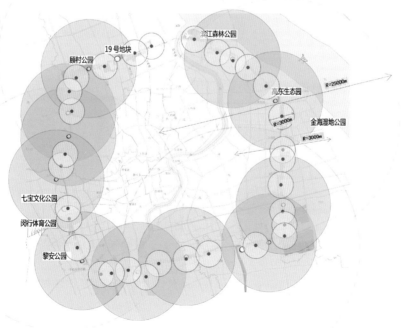

图5

图2 现状道路
图3 解决策略示例（浦东段）
图4 现状植物与水体
图5 驿站布局

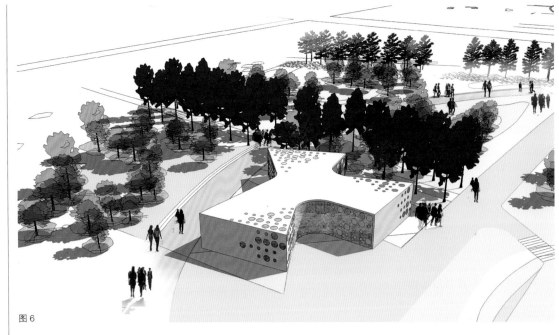

图 6

效果图

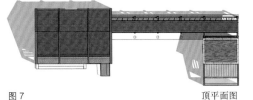

图 7　　　　　　　　顶平面图

图 8

立面图

图 9

三、结语

　　城市绿道的建设对整个城市的生态文明建设和经济社会的发展具有重要的战略意义，可以解决结构性生态廊道保护体系缺失的问题，满足城乡日益增加的亲近自然的需求，为进一步扩充内需增长，转变发展模式提供新的载体，为推动生态保护和生活休闲一体的生活、出行模式提供新的方向。

项目总负责人：许华林

项目技术总负责人：程清文

项目经理：曹立君

项目参加人：王君琰　聂婵俊　叶　玮　李　明

　　　　　　全清华　孙井江

青岛市环湾绿道规划设计

青岛市市政工程设计研究院景观所 ／ 谭俊鸿　徐国栋　孔祥川

胶州湾位于青岛市区西部，是青岛最大的海湾，岸线长达 206.8 km，约占青岛市岸线总长度的 1/4。胶州湾是青岛形成和发展的摇篮，被誉为青岛的"母亲湾"。然而，近年来受城市建设及气候变化影响，胶州湾水域面积正日益缩小（已由 1928 年的 560 km² 缩减到 362 km²，缩小了约 1/3）。水域面积的缩减，导致纳潮量的减少，使海水自净能力降低，进而导致生态环境的恶化，如今，母亲湾正日益失去她往日的风采。在这样的背景下，青岛市第十五届人民代表大会审议通过《环胶州湾保护控制线规划》，将环湾保护上升到一个新的高度，而环湾绿道建设则是胶州湾岸线保护的重要组成部分。

一、国内外绿道建设情况

"绿道"（greenway）一词最早由威廉·H·怀特提出，并于 1987 年首次得到美国户外游憩总统委员会的官方认可。绿道的概念可以分成两个部分来理解："green"表示自然存在的环境，诸如森林河岸及野生动植物等；"way"则表示通道，这样合起来的意思就是人为开发的与景观相交叉的一种自然景观走廊。

2000 年后，我国开始对"绿道"进行研究探索，广东、上海、成都等省市先后开始绿道建设并取得了较大成效。当前，在我国被普遍认可的"绿道"是一种线性绿色开敞空间，它通常沿着河滨、溪谷、山脊、风景道路等自然和人工廊道建立，内设可供行人和骑行者进入的景观游憩线路，连接主要的公园、自然保护区、风景名胜区、历史古迹和城乡居民居住区等。一般城市中所谓的绿带（greenbelt）、林荫大道（mall）、公园路（parkway）及两侧建有步行系统的休闲性城市道路都属于绿道。

二、环湾绿道规划设计概述

青岛环湾绿道沿胶州湾岸线而设，起于团岛，终于凤凰岛脚子石，全长约 197 km，它如胶州湾上一条蜿蜒的玉链，贯通了市南区、市北区、李沧区、城阳区、红岛经济区、胶州市及开发区，将胶州湾沿线的山体、水系、田园、自然风景区、旅游景点、城市绿地、历史文化古迹、现代人文景观等串联整合，是一条展现青岛市滨海特色景观资源的绿色廊道（图 1）。

根据自然条件和区域开发强度可以将环湾绿道从功能上分为 3 种类型：

1. 景观型绿道

主要位于市北区、红岛经济区及开发区，该类绿道为市民提供亲近大自然、感受大自然的绿色休闲空间，以实现人与自然的和谐共处。绿道沿线一般有河流入海口、溪流、山脉等丰富的自然景观资源，且视线较为开阔。

2. 游憩型绿道

主要位于市南区、李沧区及城阳区，该类绿道分布在景点较密集的地区，是通往各主要景点的重要通道，起到了串联景点的作用。

3. 通过型绿道

主要位于胶州市，该类绿道一般周边用地尚未开发而较少有行人通过，主要承担交通功能，用于连接较偏远景观节点。

三、规划设计理念及目标

(一) 设计理念——"快节奏、慢生活"

近年来，随着人们生活水平的提高和城市机动化的快速发展，机动车给城市带来的环境污染和交通阻塞等问题日益显著。自行车和步行出行方式具

图例：
市南区—海湾观景
市北区—都市宜居
李沧区—文化商旅
城阳区—生态体感
红岛经济区—游乐畅行
胶州市—慢游新城
青岛开发区—滨海旅游

图1

图1　环湾绿道区位及主题区段
　　划分

四、分段主题及详细设计

根据环湾区域内七区规划以及现状情况，以突出特色、文化为出发点，将绿道划分为7个主题段，分别为：海湾观景、都市宜居、文化商旅、生态体感、游乐畅行、漫游新城、滨海旅游。

（一）市南区——海湾观景

市南区绿道主题定位为海湾观景，以游憩型绿道为主，为游人提供富于变化、闲适的休闲空间和观赏空间。

该段绿道与前海相接，岸线蜿蜒，人流量大，设计强调看海的观景界面，因地制宜地提供慢行道系统、观景平台，并通过设置穿梭于疏林草地之间视线开阔的步行道以及亲近、安全的弧状观景空间等特色景观单元，强化整体意境的营造。该段铺装材质以木材与石材为主，景观要素的体量、色彩、质感均与周边建筑相统一，浑然天成。在这里，观朝阳初露、夕阳西下，赏明月印波、浪花翻腾……大自然的淡然、平和、粗犷、变幻尽收眼底（图2）。

（二）市北区——都市宜居

市北区绿道主题定位为都市宜居，以景观型绿道为主，强调绿色、宜居，提供适合休闲、健身的趣味服务设施。当繁忙的一天结束，周边的居民乘着落日散步到海边，与家人或倚栏观赏，或促膝而谈，感受着夕阳的美好，呼吸着大海的气息，拥抱自然。

该段绿道运用混凝土装饰面工艺制造特色挡墙，设置座椅，形成视线开阔、高差丰富的观景休闲空间；沿海铺设亲和性较强的木栈道，设计多样的骑行路径，提高骑行乐趣；在细节设计上更注重公共设计与人的互动性，在这里，坡面挡墙形成了轮滑爱好者的天堂，生动的主题雕塑则成为了孩童们的乐园（图3）。

（三）李沧区——文化商旅

李沧区绿道主题定位为文化商旅，以游憩型绿道为主。李沧区有着悠久的文化历史，青岛火车北站正坐落于此，因而具备建设滨海文化商旅区的条件。国棉六厂、赶海习俗、李村大集等文化要素，记录了历史的沧桑，而现代化的都市拔地而起更见证了李沧区的发展。

该段因借环湾大道与滨海绿道之间的竖向高差，形成多级观景平台，使栈道、亲水平台错落有

有显著的短距离出行优势,在满足可达性的前提下,越来越多的人们开始选择健康、安全的自行车和步行出行方式,不仅缓解了交通和环境压力,同时还有益于人的身心健康。本案以"快节奏、慢生活"为规划理念。快节奏是指都市人们每天都过着"快"节奏的生活,"快"节奏已成为现代人的一种平常的状态。慢生活是指绿道串联公园、绿地及广场等公共空间,让生活在大城市的人们有机会骑上车,放"慢"步伐走进自然、走进休闲空间,感受自然,享受生活带来的乐趣。

（二）设计目标

将环湾绿道打造成为生态环境、植物风貌、特色景观、休闲活动、闲居形态多样化的复合型生态滨海绿道景观走廊。

致。设计中注重文化元素的运用，设置怀旧色彩及样式的地雕、情景雕塑。此外，为引导商旅人士进入环湾绿道，该段绿道与火车北站地下交通实现了无缝衔接。

（四）城阳区——生态体感

城阳区绿道主题定位为生态体感，以游憩型绿道为主。该段自然资源丰富，白沙河、墨水河、楼山河等河流在此汇集入海，此段绿道意在凸显舒适、自由的场所感受，让游人在享受自然、欣赏生态景观的同时科普生态知识，增强环保意识。

为减少大面积广场的聚集效应对自然环境造成干扰，该段绿道除保留一定宽度的主要观赏界面外，公共场所均呈散点布局，形成多个静谧的游憩、体验空间。植物选择方面重视吸引鸟类的观果植物（如小檗、红瑞木）的应用，提高生物的多样性，也为游人感受自然带来更多乐趣（图4）。

（五）红岛经济区——游乐畅行

红岛经济区绿道主题定位为游乐畅行，以景观型绿道为主。绿道沿线途经方特游乐场、红岛垂钓渔港、红岛休闲度假村、大沽河湿地公园，该段绿道可为游人提供到达景区最安全、便捷的通道。

设计凸显半岛区域礁石岸线的自然风光特色，仅在受侵蚀较严重的区域增加人工岸线，以保证安全；重塑生态岛和滨海湿地系统，泥滩区域改造保留原有虾池所形成的大地肌理，延续原住民对红岛的原始记忆。另外根据周边需求，选定节点，增设儿童游乐设施和休闲健身设施等，让漫步于海边的人们亲近海洋、感受自然，远离城市的喧嚣（图5）。

（六）胶州市——漫游新城

胶州市绿道主题定位为漫游新城，以通过型绿道为主。该段绿道结合新产业基地和少海新城，依托防潮堤、护岸工程设置路坝一体的绿道，形成健康出行的城市风尚。

该段现状人流量较少，设计注重低维护成本景观的塑造，材质的选择以石材为主，配置郊野型植物，如刺槐、黑松、铺地柏、爬山虎等。

（七）开发区——滨海旅游

开发区主题定位为滨海旅游，以景观型绿道为主。现状海岸线为油库等工业作业面，但随着国家西海岸新区的建设推进，开发区将展现出全新的面貌。本段绿道着力打造融自行车健身、训练、比赛

图2

图3

图4

图5

图2　市南区段效果图
图3　市北区段效果图
图4　城阳区段效果图
图5　红岛经济区段效果图

为一体的"绿色、健康、运动"旅游产业新热点，为更多的游人带来阳光、沙滩、碧水、青山之间的自行车轮上的慢生活。

该段绿道在设计上最大限度利用既有景观资源，串联开发区内各旅游景点的主要交通环线。规划富于特色的自行车道，满足游人骑车健身、休闲游乐的需求，真正实现"还海于民"。同时，充分运用现状地形、地势，结合海中礁石，设置深入海中的观景平台，增加休闲体验的趣味。在空间允许的情况下，增设二级观海平台，丰富景观层次（图6）。

图6　开发区段效果图

图6

环湾绿道慢行系统坡度控制要求　表2

	路径类型		
	步行道	自行车道	综合慢行道
适宜纵坡（％）	3	2.5	2.5
最大纵坡（％）	8	5	5
适宜横坡（％）	2	2	2
最大横坡（％）	4	4	4

慢行系统铺装材料的选择主要取决于其功能与类型，且须与周边环境相协调，并能适当体现当地文化特色。环湾绿道慢行系统铺装以透水地坪、木材等环保生态的软性铺装为主，辅以石材、混凝土等硬性铺装（表3）。

五、专项设计

青岛环湾绿道主要由慢行系统、绿廊系统、服务设施、标识系统、交通衔接系统等要素构成，本次设计针对各构成要素分别进行了专项设计。

（一）慢行系统

慢行系统是环湾绿道的重要组成要素，按照使用者的不同，可分为步行道、自行车道和综合慢行道（即步行道、自行车道的综合体）。绿道慢行系统的宽度及坡度应根据绿道的使用功能和地区差异进行控制，以符合相关规范要求（表1、表2）。

环湾绿道慢行系统宽度控制要求　表1

慢行道类型	宽度的参考标准
步行慢行道	最小宽度不应小于3m
自行车慢行道	最小宽度不应小于1.5m
综合慢行道	最小宽度不应小于3.5m

（二）绿廊系统

绿廊系统是绿道的生态基底，其主体包括植被、水体、土壤、野生动物资源等。本次环湾绿道绿廊系统设计以植物景观设计为主，坚持保护优先，促进生态系统自然恢复，以实现胶州湾可持续发展。

1. 植物景观设计原则

环湾绿道植物景观设计遵循以下原则：

（1）以提高慢行道和节点系统的遮阴效果为出发点，以乔木、灌木为主体，强调绿量和生态效益。

（2）植物配置方面充分利用植物的观赏特性，营造色彩、层次、空间丰富的植物景观，提升绿道的游览乐趣，做到有景可观、步移景异，避免单调平淡。在景观较好的区域低密度种植植物，形成一些视线通廊，保证视野可达绿道周边的人文及自然

环湾绿道慢行系统铺装材料　　　　　　　　　　　　　　　　　　　　　表3

分类	铺面材料	优点	缺点	适用类型
软性铺装	颗粒石	自然材料，表面柔软，方便行走，成本适中	表面容易受到侵蚀、冲刷，日常维护多	游憩型绿道
	木料	自然材料，铺面柔韧性好，景观性和生态性好，用途多样	铺设造价高，易受损坏，维护费用高，潮湿易滑并易引起火灾	景观型绿道游憩型绿道
	透水地坪	透水性强，绿色环保，维护较少，施工快捷、可塑性强	铺设造价高	景观型绿道游憩型绿道连接型绿道
硬性铺装	沥青	表面坚硬，用途多样，天气适应性强，抗腐蚀，维护费用低	铺设造价高，生态性差，容易造成污染	游憩型绿道连接型绿道
	石材	自然材料，表面坚硬，用途多样，天气适应性强，抗腐蚀	铺设造价高，容易侵蚀，可能会存留坚硬的石角，对游人的安全存在一定隐患	景观型绿道
	混凝土	表面坚硬，用途多样，天气适应性强，维护费用低	容易导致表面崎岖，铺设和维护费用均高，生态性差	连接型绿道

景观。

（3）充分考虑游人的安全，在与慢行道相邻并已明确划定的休息区以及其他公共区域，避免种植密集、连续的灌木和地被，避免使用有毒植物和枝叶有硬刺或枝叶形状呈尖硬剑状、刺状的植物种类。

2. 植物材料选择

根据青岛环湾绿道的立地条件、景观、功能及生物多样性要求，主要选用以下植物：

（1）骨干树种

乔木：黑松、刺槐、樱花；

灌木：大叶黄杨、小龙柏；

草本植物：常绿草坪（早熟禾、黑麦草、高羊茅混播）。

（2）基调树种

乔木：雪松、国槐、白蜡、黄山栾、水杉、银杏、碧桃、紫叶李、红枫；

灌木：石楠、红叶石楠、金森女贞、紫荆、丁香、棣棠、连翘；

草本植物：鸢尾、萱草、玉簪、细叶麦冬。

（3）一般树种

乔木：白皮松、云杉、青杆、广玉兰、大叶女贞、朴树、楸树、臭椿、杜仲、槲栎、玉兰、二乔玉兰、垂柳、旱柳、金丝柳、五角枫、元宝枫、青桐、枫杨、榉树、柿树、黄金槐、垂丝海棠、西府海棠、杏树、石榴、独杆紫薇、梅花、美人梅、山楂、榆叶梅、黄栌；

灌木：桂花、耐冬、小蜡、胡颓子、法国冬青、沙地柏、石岩杜鹃、琼花、金银木、木槿、黄刺玫、山茱萸、紫穗槐、花石榴、红瑞木、锦带、迎春、溲疏、迎红杜鹃、南天竹、绣线菊类、彩叶杞柳、金叶莸、月季、紫叶小檗、金叶女贞、野蔷薇；

藤本：常春藤、扶芳藤、五叶地锦、紫藤、金银花；

草本植物：蜀葵、美人蕉、八宝景天、波斯菊、地被石竹、大滨菊、金光菊、宿根福禄考、天人菊、紫松果菊、阔叶麦冬、二月兰、白三叶、花叶芒、斑叶芒、狼尾草、蒲苇。

（三）服务设施系统

服务设施系统主要由管理设施、商业服务设施、游憩与健身设施、科普教育设施、安全保障设施、环境卫生设施及其他市政公用设施组成，服务设施常集中设置形成服务节点，即驿站（图7）。本次设计优先利用现有场地及设施，尽可能控制新建设施的数量和规模，体现节约原则。

根据驿站规模及服务设施配套水平环湾绿道沿线驿站共分3级，一级驿站间距约12km设置，共计8处，主要设有管理及游客服务中心、公共停车场、自行车租赁与维修点、餐饮（售货）点、医疗点、厕所、健身场地、治安报警点、消防点、信息咨询亭等。其建筑的平面布局及设计风格因各区段环境、历史文化背景而异，以体现区域特色（图8）。二级驿站间距约10km设置，共计10处，主要设置自行车租赁点与维修点、厕所、小卖部、健身场地、信息咨询亭、治安点、消防点等（图9）。三级驿站一般结合视线较好的空间设置，或与休闲空间相结合，布置形式、内容较为灵活，共计13处，主要设置休息亭廊、自行车租赁点、标识系统等（图10）。各级驿站建设控制要求见表4。

图7

团岛

凤凰岛

一级驿站
二级驿站
三级驿站

图7　服务设施系统规划图

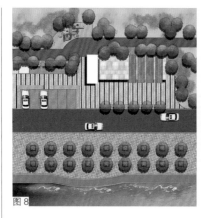

图 8

图 9

图 10

环湾绿道各级驿站建设内容控制要求 表 4

服务设施类别		一级驿站	二级驿站	三级驿站
管理设施	管理服务中心	建筑面积以 200 m² 为宜,提供绿道管理、治安维护、旅游信息咨询等服务,有条件的可配置上网服务、手机充电、车票、门票、酒店预订等服务	—	—
	标识系统	●	●	●
停车设施	公共停车场	标准停车位不少于 50 个,其中大型客车停车位不少于 3 个	标准停车位不少于 20 个	—
	自行车停车场	不少于 50 辆自行车	不少于 30 辆自行车	○
	公交站	●	●	○
商业服务设施	自行车租赁点	●	●	—
	餐饮点	●	○	—
	零售点	●	●	—
游憩与健身设施	健身场地	●	●	○
	休憩点	●	●	●
科普教育设施	科普宣传设施	●	○	○
	解说设施	○	—	—
	展示设施	●	○	○
安全保障设施	治安消防点	●	○	—
	医疗点	●	—	—
	无障碍设施	●	●	●
环境卫生设施	公厕	●	●	●
	垃圾箱	●	●	●

注:表中●表示必须设置,○表示可设置,—表示不必设置。

（四）标识系统

环湾绿道标识系统包括引导标识、服务标识、命名标识、设施标识、警示标识五大类。标识设置应满足相关规范要求，标志间距不大于 500 m。同一地点需设两种以上标识时，可合并为一个标识牌，但最多不超过 4 种。

1. 绿道 LOGO 设计

环湾绿道 LOGO 设计以"面朝大海·春暖花开"为主题，从海浪中提取出基本元素形成一条特色的绿道，骑行的人们畅游在海边的绿道上，自由、健康、充满活力，体现了积极向上的精神面貌（图 11）。

2. 标识标准化设计

为实现对绿道使用者的指引功能，使信息简明易懂，高效传递，须设定规则。各类标识牌必须按统一规范的要求清晰、简洁地设置。标识文字是信息传递中最重要的一部分，环湾绿道标识系统中英文字体均采用微软雅黑，文字大小、组合均按统一标准执行，标识颜色选取绿色、深灰色为主色，黑色、红色、橙色、黄色、蓝色、咖啡色为辅色（图 12～图 14）。

（五）交通衔接系统

交通衔接系统包括绿道区域交通系统和城市交通系统的衔接。通过完善停车设施、交通换乘点、绿道与其他交通方式交叉的处理等措施，提高环湾绿道的通达性。

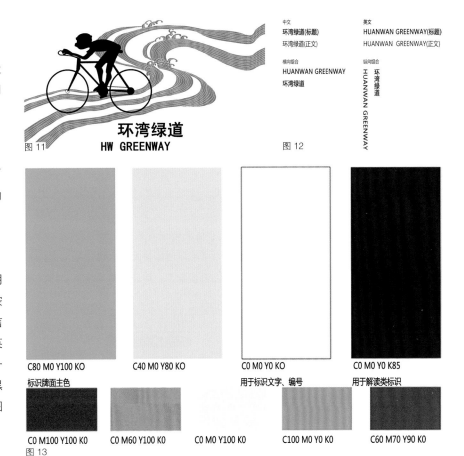

图 11
HW GREENWAY
环湾绿道

图 12

中文	英文
环湾绿道(标题)	HUANWAN GREENWAY(标题)
环湾绿道(正文)	HUANWAN GREENWAY(正文)

横向组合　　　　　纵向组合
HUANWAN GREENWAY　　HUANWAN GREENWAY
环湾绿道　　　　　环湾绿道

C80 M0 Y100 K0　　C40 M0 Y80 K0　　C0 M0 Y0 K0　　C0 M0 Y0 K85
标识牌面主色　　　　　　　　　　用于标识文字、编号　　用于解读类标识

C0 M100 Y100 K0　　C0 M60 Y100 K0　　C0 M0 Y100 K0　　C100 M0 Y0 K0　　C60 M70 Y90 K0

图 13

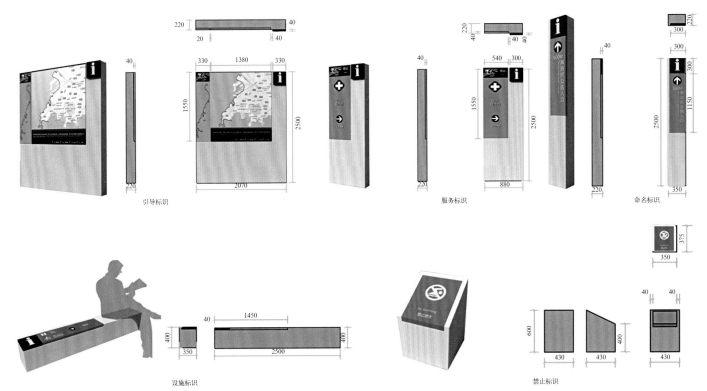

引导标识　　　　　　服务标识　　　　　命名标识

设施标识　　　　　　禁止标识

图 14

图 15　交叉路口绿道过街示意图
图 16　直线路段绿道过街示意图

1. 自行车停靠点

自行车交通出行速度以 15～25 km/h 计算，绿道应根据出行入口和出行距离，结合绿道节点系统，每隔 6～10 km 设置自行车停靠点，逐步推进自行车租赁业务。

2. 机动车停车场

环湾绿道机动车停车场采用软性铺装，实现停车场的生态化。尽量利用现有资源，避免大规模新建各类停车场。停车场主要设置在绿道边缘，远离生态敏感地区。

3. 公共交通系统衔接

环湾绿道沿线所经地铁站点、客运站点、公交站点及渡口设置换乘点，实现绿道与城市公共交通

图 15

图 16

系统的有效衔接。

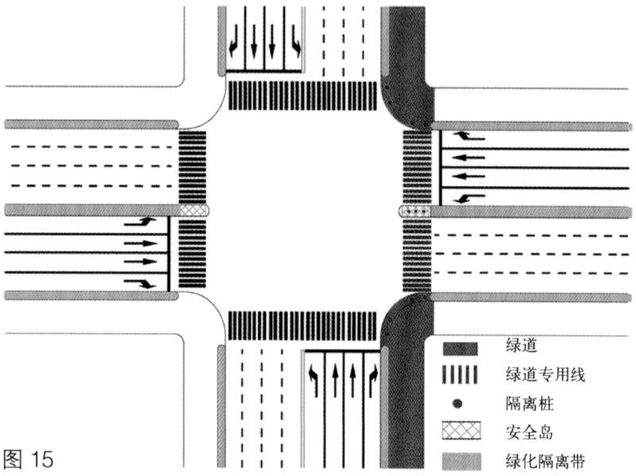

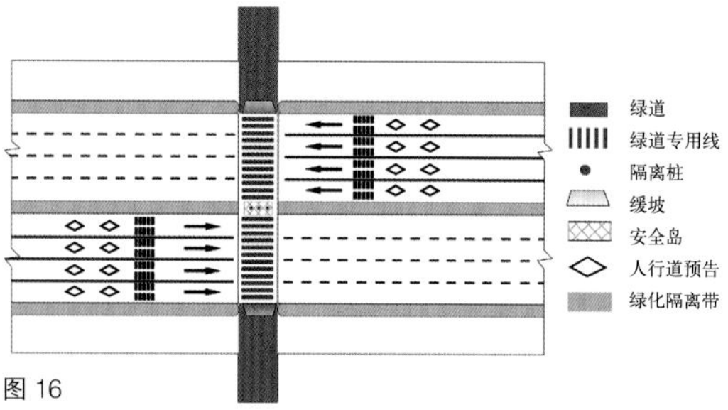

4. 其他交通方式交叉的处理

环湾绿道与轨道交通相交时，主要采用立体交叉方式，如高架廊道和涵洞等，以保证绿道的安全性和连续性；与城市道路交叉时，通过设置斑马线、过街信号灯、限速设施、安全护栏、自行车盒子、安全岛等设施，确保游人安全通行（图 15、图 16）。与河流水道相交时，结合现有的桥梁或新建桥梁跨过河流水面，或利用水上交通的方式通过水面，实现水上交通与绿道的无缝衔接。

六、结语

环湾绿道的建设为青岛市民提供了贴近自然、健身、养心的休憩场所，改善了居民的生活品质，同时为动植物的迁徙、繁衍提供了良好生境，也为城市储备了大量防灾、避险空间。绿道建成后将有效避免对胶州湾的无度破坏、围填，确保胶州湾生态安全，保持胶州湾生态平衡和可持续发展，从这一方面讲，环湾绿道作为胶州湾岸线保护的一道重要防线，从功能上已经突破绿道的生态功能、游憩功能、文化功能等，而具有更深层的含义。从城市空间布局上看，环湾绿道的建设将进一步提升胶州湾景观品质，形成独特的海湾型景观走廊，优化青岛市旅游景观格局，为青岛从海滨旅游城市向海湾旅游城市转型做好基础建设。

项目组成员名单

项目负责人：徐国栋

项目参加人：徐国栋　孔祥川　隋　龙　谭俊鸿

济南市中心城生态隔离带规划设计及理论与实践研究

济南市园林规划设计研究院／郭兆霞　赵　镇　赵兴龙　韩冠然　李　萌

《济南市中心城生态隔离带详细规划》是依据城市空间发展战略，在规划建设城区（用地）之间设定的绿色生态开敞空间。规划将通过研究国内外发达城市的绿色隔离空间系统，分析济南绿色生态隔离空间的基本情况和区域发展条件，提出绿色隔离空间的生态适宜性、敏感性以及控制宽度。

一、济南市中心城生态隔离带规划建设的背景

生态隔离带是为了维护城乡良好的生态环境，防止城市各组团用地无序蔓延，依据城市总体布局要求，在组团间设立的绿色隔离用地，是指在城市外围或者组团之间，以城市绿地、郊野公园、山体林地、农田、湿地等生态用地为主的绿色植被带。

随着城市发展建设的加快，建成区面积逐渐扩张，自然生态环境进一步受到挤压，由此带来的环境、交通、气候等问题日益严峻，仅靠城市块状绿地和线形绿地难以满足城市生态需求，济南市城市发展迫切需要规划建设生态隔离带。

《济南市总体规划》决定了城市结构、绿地及隔离带的控制原则，《济南市中心城控制性规划》明确了建设用地边界，但是对于绿化隔离带的用地边界、保护区域、用地指标缺乏明确的规定。《济南市中心城生态隔离带详细规划》是为落实《济南市城市总体规划》和《济南市城市绿地系统规划》等而编制的专业规划。

二、城市大环境概况

济南市是山东省省会，位于山东省中西部，是山东省的政治、经济、文化中心。中心城总面积1022 km²，人口282万人。南与曲阜相望，东与临淄毗连，是齐鲁文化荟萃之地。辖区形状为东北—西南走向的狭长区域。

济南市地势南高北低，依次为低山丘陵、山前倾斜平原、黄河冲积平原，形成了济南低山—丘陵—平原—涝洼的地貌结构。由于济南市所处区位的地理和气候特点，城市"浅碟"形地势导致了城市通风不畅、热岛效应加剧等现实问题（图1）。

三、原则与目标

（一）规划原则

1. 统筹规划，协调发展

依据城市总体空间发展战略，遵循上位规划，综合水文地质、环境保护、城市规划、城乡统筹等各方面因素，通过规划控制与有效管理，实现隔离带与城市建设统筹安排，吸引社会参与，满足可持

图1 济南市地形与通风示意图

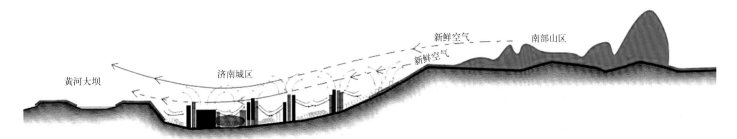

黄河大坝　　济南城区　　新鲜空气　　新鲜空气　　南部山区

图1

续发展。

2. 生态优先，保护自然环境与资源

保护原有的动植物资源及动物的繁衍生息环境，涵养水源，加强对山体林木的抚育和管理，保留农田、湿地、林地、园地等自然原貌。

3. 因地制宜，合理开发，保护与利用相结合

结合现状，优化扩展隔离带内土地利用方式，倡导有利于促进生态环境恢复和提升的项目。通过绿色廊道、绿色斑块等，将城市的公园、苗圃、自然保护地、农田、河流、湿地和山体等纳入绿色网络。

4. 逐步建设，有效管理

依据城市自身发展规律与特点，在城市绿化隔离地区建设中划分近期—远期规划，分阶段安排规划目标和重点项目，进行更加有效的管理。

（二）规划目标

（1）对隔离带进行深入研究和详细的规划设计。

（2）为规划及建设管理部门提供管理依据。

（3）为城市开发及隔离带建设提供法规基础、实施的有利参照和可操作性的技术成果。

（4）探索和制定有关保障策略以及政策实施办法。

四、城市绿色生态空间布局研究

生态隔离带的构建应满足城市绿地系统的完整骨架，实现城市绿地斑块与廊道的有机结合，并与外围大环境形成连续性整体，在城市内部空间保留与自然交流的生态廊道。

生态隔离带规划结构，以济南市主要道路、水系沿线为依托形成绿带、蓝带，以中心城内公园及湿地组成的绿斑为具体组织形式，形成绿地的斑块—廊道结构，与城市发展格局相耦合。这一结构能有效控制城市无序蔓延，保证形成济南"山、泉、湖、河、城"的多中心、开敞式空间布局结构，维护城市生态安全，同时具有景观、游憩、防护、人居等多方面的综合作用和复合功能。

（一）构建城市绿色骨架

规划形成"一横五纵多廊"的生态隔离带结构（图2）。"一横五纵"是由北大沙河、玉符河、大辛河、绕城高速东环线、巨野河形成的五条南北方向的隔离带，北侧与黄河形成的一条东西方向隔离带连接，南侧与南部山区连接。各条隔离带相互连接，形成城市片区组团。通过完整的生态绿色框架，创造宜居的现代都市生态环境。

为满足城市环境的生态需求，在生态隔离带"一横五纵"结构的基础上依托城市带状绿色空间构建综合的城市生态廊道。生态隔离带通过与市区大型带状绿地、风貌带、风景林地、滨河绿地等有机组合，形成城市完整生态骨架，分隔城市片区，促进城市空气交换流通，调节城市生态环境。小型廊道根据老城区、东部城区和西部新城不同的开发建设情况，采取不同的构建方式。老城区因土地资源紧

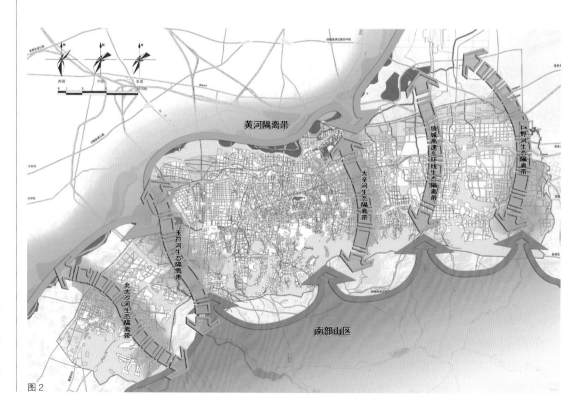

图2 济南市中心城生态隔离带
　　 "一横五纵"规划结构
图3 城市通风廊道结构示意图
图4 通风廊道布局示意图
图5 不同宽度的隔离带植物层
　　 次搭配示意图

图2

张，在现有城市生态环境的基础上，利用小清河、兴济河、泉城特色风貌带，结合周边公园、山体林地实施。东部城区以规划龙脊河、蟠龙山—围子山—虞山、胶济铁路廊道、经十东路形成两横两纵生态廊道。西部新城主要以济荷高速公路周边山体形成一条贯穿西部新城的生态廊道。

（二）局部气候调节

城市生态隔离带规划设计规模必须从城市生态系统的服务功能出发。有效地发挥其城市风廊、卫生防护、改善景观、保护物种多样性等生态服务功能。

隔离带植物空间有助于降低城市热岛效应，改善区域环境质量，缓解交通压力，降低各种污染，串联多种绿地空间。绿色廊道连续性越强，对环境改善和生态保护作用越强。

通过生态隔离带构建城市通风廊道，增强城区空气置换能力。生态隔离带植物层次分为透风林、半透风林和不透风林。根据城市风玫瑰图布置防风林、引风林的位置。防风林应设在被防护的上风方向，并与风向作垂直布置；引风林与上风方向水平布置。防风林、引风林能起作用的距离，一般约在树高 20 倍左右（图 3、图 4）。

（三）植物群落的布置与生态作用

隔离带种植以片林为主，以乔木林带为种植骨架，以纯林、混交林形成楔形绿块，衔接由低矮灌木及地被形成的开敞空间，构成更加有效的透风廊道。每条林带宽度不应小于 10 m，林带与林带间的距离为 300 ~ 600 m。为了阻挡侧面来风，每隔800 ~ 1000 m 左右应建造一条与主林带相互垂直的副林带，其宽度不应小于 5 m。

当河岸植被带的宽度在 30 m 以上时，就能有效地起到降低温度、提高生境多样性、增加河流中生物食物的供应、控制水土流失、有效过滤污染物的作用，初步形成植物自然空间；道路绿化带宽度在 60 m 宽时，可初步满足动植物迁移和传播以及生物多样性保护的功能；环城防风带在 600 ~ 1200 m 宽时，能创造自然化的物种丰富的景观结构，形成接近于自然的生态系统以及能够自我循环的生物群落，保护区域的生物多样性（图 5）。

隔离带的植物骨架必须以乔木林带为主体，间断性栽植部分小乔木及灌木，形成层次较密的复式种植形式。中间可结合地形、河流形成通风廊道，有利于南部自然新鲜空气进入城市。防风林、引风林的树种选择应适地适树，选用深根性的或侧根发达的乡土树

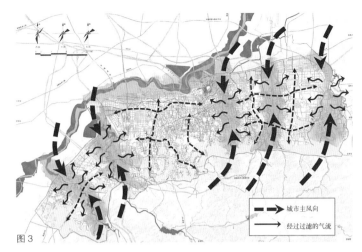

图 3

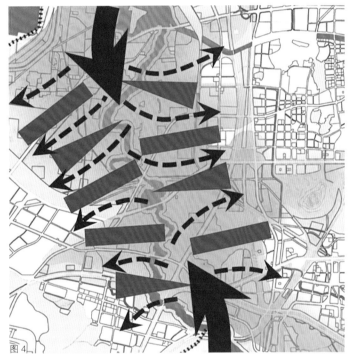

图 4

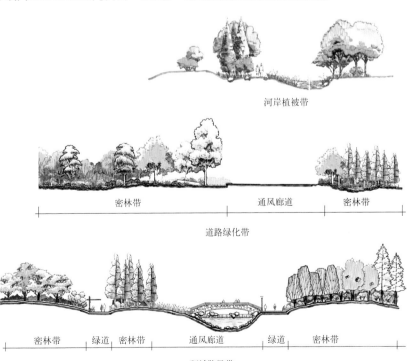

河岸植被带

道路绿化带

环城防风带

图 5

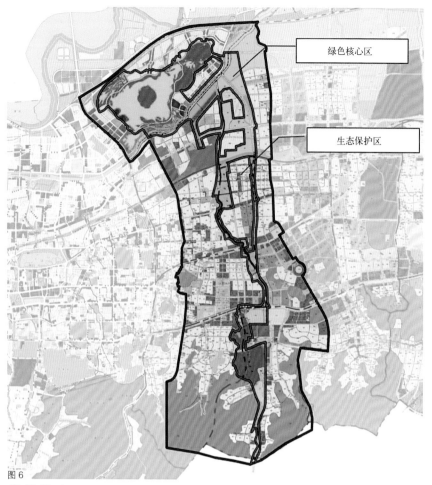

图6

态隔离带按照功能要求分为3类：防护型生态隔离带、缓冲型生态隔离带、游憩型生态隔离带。

防护型生态隔离带是主要由防护绿地构成的生态隔离带。在满足城市生态需求的基础上，主要防护功能包括隔离城市居住区与重污染工业区、防风固沙、高压走廊、输油管线、河流公路铁路防护绿地等，将城郊森林公园、农田、水体的新鲜湿润空气引入市区。结合济南市实际情况，防护型生态隔离带主要为黄河隔离带、绕城高速东环线隔离带。

缓冲型生态隔离带是由城市组团之间的非建设用地通过自然保护、恢复生态形成的生态隔离带。通过形成的森林环境改善周边小气候，提高周边地带的生态环境质量。依照目前城市发展现状，主城区与高新区之间、大学科技园与长清市区之间、市区与章丘之间迫切需要生态缓冲区域，以缓解城市建设过度蔓延导致的诸多问题。规划缓冲型生态隔离带主要为北大沙河隔离带、大辛河隔离带、巨野河隔离带。

游憩型生态隔离带是由城市大型组团之间的郊野公园、自然保护区等非建设用地串联构成，具有显著自然生态作用，可供市民亲近自然，游玩、观赏。游憩型生态隔离带利用城市组团之间的大型非建设区域，结合林地、河流、湖泊、山体等自然景观资源，充分挖掘人文资源，构建丰富的生态景观体系，实现生态功能与观赏功能相统一。通过小清河源头湿地、玉符河地质公园等项目的实施，玉符河隔离带具备构建游憩型生态隔离带的基础。

（六）绿道系统

生态隔离带为绿道提供得天独厚的生态廊道。通过绿道系统的纳入，便于城市居民融入绿色环境，与自然亲近，使居民更便利地拓展休闲空间，拥有更舒适更健康的生活，使绿道真正成为联系城市与自然的生态通道。

配合《济南市绿道网规划》，在生态隔离带内利用养护通道、消防通道等设置游步道、自行车道，并利用养护中心、养护站设置公厕、便利店、休闲区等服务设施，作为绿道驿站使用。绿道网的实施为人们提供亲近大自然、感受大自然的绿色休闲空间，实现人与自然的和谐共处。

五、生态隔离带设计实践

生态隔离带的实施要充分结合现状及规划情况，避免为了生态保护破坏生态环境。《济南市中

种，并且应是展叶早的落叶树种或常绿树种，同时考虑乔木类速生树种与慢生树种的比例。营建时速生树种与慢生树种两者的合理比例以各约50％为宜，这样有利于树种更替和绿带功能的持续稳定。

（四）分区实施

因城市发展较快，扩张建设挤占隔离带空间，导致隔离带空间过窄，无法充分发挥生态作用。为满足城市生态需求，生态隔离带采用绿色核心区＋生态保护区协调共建的模式，通过生态保护区将隔离带的生态作用引入城市中（图6）。

绿色核心区是隔离带范围内的生态核心区域，是由植物空间构成生态隔离带的绿色骨架。由防护绿地、公园绿地、河流、林地、农田、果园、苗圃、郊野公园等构成，偶有少量建设用地。

生态保护区指隔离带外围的城市建设用地，通过弹性指标控制，加强对现有用地的管理，利用隔离带外围绿地划定生态保护区，与核心区相结合发挥生态作用。

（五）功能性分类

根据隔离带对城市起到的主要作用，将6条生

图6　大辛河生态隔离带分区规划

心城生态隔离带详细规划》对"一横五纵"6条隔离带进行了概念方案设计，本文以绕城高速东环线隔离带为例解析生态隔离带的设计。

（一）基地现状调研

规划中的绕城高速东环线隔离带位于东部城区，雪山片区与唐冶片区之间，南起港沟立交桥，北至小许家立交桥，全长16.6km。平均宽度约500m，最宽处约1000m，最窄处262m。

1. 现状简况

基地范围内因高压走廊等因素开发建设较少，高速公路两侧为60m防护林带，小许家立交桥南侧范围内有林家村、寇家村两个村庄，村庄南侧为济钢合金厂；郭店立交桥南侧有正大食品厂、禽类养殖场，除此之外以农田、林地为主，建设用地较少，便于隔离带实施及后期养护。

2. 现状植物群落

根据考察，现状的林地主要有山林、经济林、防护林和公园。

山林主要有龙骨山、西山坡等，苗木以侧柏为主。经济林分布在村庄、农田周围，以速生杨为主，具有少量果园防护林主要分布在高速公路两侧，树种以侧柏、垂柳、紫叶李等为主。公园位于经十路两侧，树种较为丰富，养护较好。

3. 现状土地利用情况

绕城高速东环线规划核心面积999.4hm²。范围内现状主要以耕地（E2）为主，具有少量郊野绿地（Eg）、二类及三类工业用地（M2、M3）、村镇建设用地（E6）、仓储用地（W）等，用地性质明确、边界清晰，基本具备城市绿线划定条件。

（二）用地规划

本规划在《济南市控制性规划》、《济南市城市绿地系统规划（2010～2020年）》的基础上，优化了边界，并对局部用地性质进行了调整，将小许家立交桥东南侧除输油管线、高压走廊、高速公路防护林外的绿地调整为生产绿地。整体绿地率达到95%以上（图7、表1）。

（三）绿道设计

设计一条绿道贯穿南北，承接济南市绿道网规划；多条东西向非机动车道链接城市功能区，同时控制城市无序蔓延。规划道路尽量结合现状道路，东西穿行路与高速路交叉的位置均应保留原来道路，两侧路线适当调整优化。承接城市绿道网，根据城市发展，适当增加绿道辅助设施，如停车休息

绕城高速东环线隔离带用地平衡表　　　　　表1

类别名称		用地名称	面积（hm²）	占总用地（%）	备注
大类	中类				
G	G1	公园绿地	11.6	1.16	部分韩仓河公园
	G2	生产绿地	102	10.21	邢村苗圃、董家苗圃
	G3	防护绿地	721.3	72.17	
T		对外交通用地	113.7	11.38	含道路红线内绿化、立交桥绿化
H		其他建设用地	6.2	0.62	变电站、通信基站等
小计		城市建设用地	954.8	95.54	
E	E1	水域	15.8	1.58	
	G5	其他绿地	28.8	2.88	龙骨山、西山坡等
总计			999.4	100.00	

注：G类用地（绿地）按照《城市绿地分类标准》CJJT85-2002分类。

图例：
公园绿地
生产绿地
防护绿地
其他绿地
对外交通用地
其他建设用地
水域
中心城边界

图7　绕城高速东环线隔离带土地使用规划图

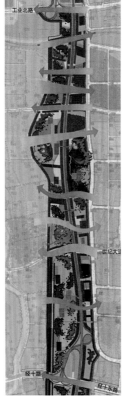

图 8

图 8　绕城高速东环线隔离带通风廊道设计平面图

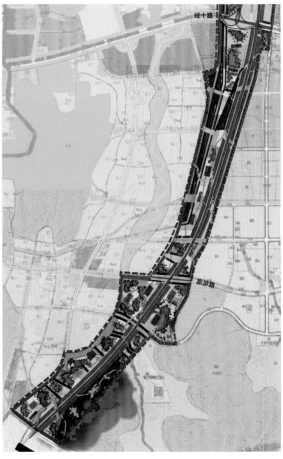

图 9

图 9　绕城高速东环线隔离带方案总平面图

区、售卖、厕所等，结合全线主要节点和养护需求适当设置临时和永久服务设施。临时服务设施按照两侧居住、商业等人流量来设置，人流量大的用地的 600～800 m 设置 1 处，其他用地按照 1000～1200 m 设置 1 处；永久性服务设施按照用地性质，3～4 km 设置 1 处，便于全线管理。

（四）风廊设计

依据城市风玫瑰图，结合绿化布局与现状地形形成楔形、曲线形、直线形城市通风廊道，有效对城市空间进行引风、防风，促进对城市微环境的调节（图 8）。

（五）绿化设计与植物群落营造

隔离带绿化以片林形式为主，适当结合两侧用地性质和隔离带透风调风功能，同时结合绿道功能，增加植物种类和丰富种植模式（图 9）。

生产绿地：小许家立交桥东北侧与邢村立交桥北侧两处，其中邢村立交北侧为现状苗木，可以适当改造，形成隔离带内特色生产绿地。公园绿地：主要位于经十路北、旅游路南、绕城高速西侧，应丰富种植类型和内容。立交桥防护绿地：全线区内三处立交桥，立交基础绿化效果良好，大部分采用大绿篱模纹的绿化形式，以保留原设计为主，适当整合。高压走廊防护绿地：规则高压走廊，经十路与旅游路之间，规则树阵模式，增加乔木种类。

六、探索科学高效地实施城市生态隔离带规划

通过分析济南市的政策环境、行政效率、规划建设、法规制定、社会关注、财政情况等因素，规划的编制从刚性控制、弹性引导两方面着手，细化到边界控制、指标控制、法规控制、城乡统筹等七个方面构筑完善的策略体系，确保项目顺利实施并达到规划要求。

（一）刚性控制

《济南市城市总体规划（2010～2020 年）》确定了生态隔离带的大致结构，《济南绿色隔离带规划研究》研究了隔离带位置、范围，《济南市控制性规划》通过各片区土地使用规划，明确了土地使用边界，对隔离带范围及周边的建设用地、非建设用地、村庄、农田、防护绿地等进行了明确的界定。

生态隔离带的刚性控制为强制内容。根据有关地方法律法规和行政措施，提出生态隔离带规划建设中必须要遵守的要求，分为边界控制、指标控制、法规控制三部分。

（二）弹性引导

生态隔离带应以生态保护为主，绿化建设为辅。范围内除农田、现状村庄、工厂外，对新增绿化（如防护绿地、生产绿地等）总量进行引导，适当引进生态型项目（如娱乐康体项目），缓解依靠政府财政带来的资金压力。

编制《济南市中心城生态隔离带设计导则》，根据指导原则落实具体措施和建设要求，作为生态隔离带建设实施的基本依据和技术指导。

七、结语

生态隔离带的概念最早由霍华德在《明日的田园城市》一书中提出，他在城市周围设计宽度 5 英里（8047 m）或更宽一些环形绿带，来限制城市面积和保护农村土地。从国内外大型城市生态隔离带的效果来看，隔离带对控制城市格局、改善城市环境、提高城市居民生活质量具有显著作用。规划通过参考借鉴这些案例和对城市自然与社会环境相关方面进行深入的分析，确保了济南市生态隔离带规划的适应性和可行性，努力将济南打造成天空更蓝、河水更清、泉水常涌、人与自然和谐相处的现代化生态城市。

淳安县环千岛湖风景绿道规划设计实践及主题驿站选址研究

浙江省城乡规划设计研究院／张剑辉　赵　鹏

一、概况与建设背景

环千岛湖绿道围绕千岛湖中心湖区建设，起始于千岛湖大桥，逆时针绕湖行进，经汾口镇回转至旅游码头，总长约 130 km。结合城市区段的城市景观飘带，形成完整的环形环湖绿道（图 1）。

淳安县提出了全县景区化建设，突出千岛湖核心景区的辐射带动，加速旅游从湖区向周边辐射、景点从县城向农村延伸，变传统的湖区游为全县游。另一方面，随着旅游业的发展，千岛湖需要有新的旅游产品来满足新的旅游需求，改变传统的湖区游。

绿道既能成为联系城乡的纽带，也能成为多样的休闲旅游方式的载体，因此，淳安县环千岛湖绿道是实现上述两大目标的较好的选择。

二、项目特点

环千岛湖绿道有如下显著特点：

（1）资源品级极高——国家级湖岛资源，主线临湖率即达 55%。

（2）景观多样性高——除绝版湖岛外，串联田园、乡村、古迹、山林、坡谷等多样风景（图 2）。

（3）骑游友好度高——线形平顺、独立连续、43 处各级驿站，体现了对各类骑游者的友好（图 3）。

（4）带动效应强烈——沿线穿越 9 个乡镇、串联 40 个村庄，"统筹城乡、以美致富"，旅游带动效应强。

（5）建设规模较大——总长度达到 130 km，总投资约 8 亿元。

骑游 湖光山色
慢赏 村落田园

图 1　环千岛湖风景绿道总平面图　｜图 1

三、建设目标与思路

环千岛湖绿道充分挖掘并串联环湖公路沿线有吸引力的层次丰富的湖岛景观资源、优美的山林景观资源、自然乡野的溪流景观与质朴的村落景观，打造以观赏自然山水景观为主、体验乡村田园景观为辅的环千岛湖绿道。从而实现联系环千岛湖的旅游资源，统筹城乡发展并促进淳安县经济发展，使环千岛湖绿道成为淳安县新的形象名片和经济增长点，促进民生幸福。

依据建设目标，提出了以下建设思路：

（1）突出风景绿道特征：强调与风景区三个子系统（风景子系统、旅游子系统、居民子系统）的融合。

（2）突出联系城乡：强调绿道的联系作用，成为城市向乡村渗透的纽带。

（3）突出地域特色：绿道规划设计充分利用项目的地域特征和用地条件，塑造绿道景观的地域特征。

四、主题驿站选址及建设研究（图4、图5）

（一）研究目的

通过合理分析绿道沿线谷地的立地条件，选择合适的用地作为千岛湖风景绿道的服务设施建设用地。在此基础上，提出合理的业态布局建议和建设控制研究，以指导地块的建设与发展。

（二）选址考量要素

交通条件：以紧邻绿道为首要选择，实现服务设施与绿道的无缝连接。

用地规模：为保证运营活动的有效开展，需要有一定规模的功能建筑和相关场地。

资源环境：优先选择地势平整且对自然山体、湖泊等风景资源影响较小的地块，同时兼顾具有良好的视线或者自身具有独特景观资源的因素。

（三）业态选择策略

错位竞争策略：将目标客户群的细分锁定在"个性化"旅游市场，满足游客特定旅游方式的需求。如：专业俱乐部、会所、农家乐。

主题化与精品化策略：因用地规模有限，业态的经营以单一的业态为宜，强化对特定目标客户群的吸引。精品化是提高消费层次和业态吸引力的主

图2

图3

图2 环千岛湖绿道景观节点
图3 绿道骑游示意

发展意向
水上俱乐部

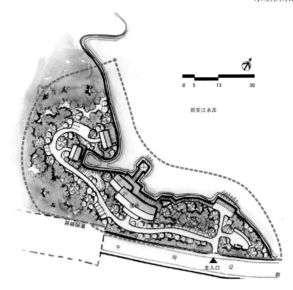

新安江水库

0   5   15   30

屏峰绿道

千汾公路

主入口

发展意向
千汾绿道一级驿站

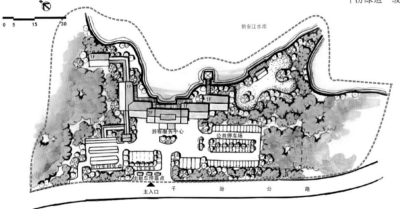

0   5   15   30

新安江水库

游客服务中心

公共停车场

主入口   千   汾   公   路

图 4

图 5

要方式。

"规模化"策略：将主题驿站的业态融入现有的乡村旅游资源布局中，通过政府的引导来强化特定区块的旅游资源特点，形成区块特色。

五、思考

绿道综合功能开发：在绿道建设中，除生态功能外，结合地块土地出让和主题化旅游方式的开展，拓展绿道的功能，实现综合开发。

有限的建设条件下的线路规划：作为联系城乡的绿道，在土地条件有限的情况下，尽量利用原有道路并与公路并行。

游憩方式、兴趣点的多样化：强调绿道游览方式的多样化，结合自驾游、风景观赏、农家乐、民宿、采摘等休闲方式，增加吸引力。

统一管理：绿道建设后应统一进行管理与维护，尽可能提供完善的配套设施，提高绿道使用的友好度。

六、实践评价

环千岛湖绿道一期工程已经实施完成，从实际效果看，得到了各方面的认可，取得了较好的实际效果。沿绿道的自驾游、乡村游、骑行等新的旅游方式越来越被大家接受，同时，绿道也使乡村旅游得到了发展，强化了城乡联系，推进了全县景区化，整合了环湖资源。

项目组成员名单
项目负责人：张剑辉
项目参加人：赵 鹏 孙 霖 吴丹丹 朱振通

图 4　主题驿站设计及发展意向
图 5　主题驿站效果图

南宁市绿道网总体规划

深圳市北林苑景观及建筑规划设计院有限公司／魏　伟　董　旭

一、项目背景

　　南宁市的城市景观风貌定位为"中国绿城"——南宁城市被描述为七分绿色三分楼,城市绿量丰富,山林环绕,绿意盎然;"中国水城"——城市通过水系综合整治,推进水体生态保护,提升城市形象,打造"水畅、水清、岸绿、景美"的独具南方民族和地域文化特色的宜居水城。

　　南宁市拥有比较完善的非机动车交通体系,多数市政道路都设置有非机动车道与步行道,同时在风景优美的地段也设置有专门的景观步道。但同时其交通系统也存在一些问题,例如南宁电动车的大量使用成为这个城市一道独特的风景线,但也为这个城市带来了一定的交通隐患。绿道网系统承载了部分城市非机动交通的功能,可以与城市公共交通、自行车系统以及步行系统实现合理有效的对接。

　　绿道是一种线形绿色开敞空间。通常沿着河滨、溪谷、山脊、风景道路等自然和人工廊道建立;连接主要的公园、自然保护区、风景名胜区、历史古迹和城乡居住区等;内设可供行人、骑车者及其他依靠非机动工具进行户外活动的人员进入的生态景观游憩线路。我们可以清晰地看出,绿道网的建设与南宁市的城市建设目标相得益彰,不谋而合,对南宁市的人居环境建设起到了很好的推动效应。

二、绿道网分析方法

　　分析的主要内容包括了城市生态网络体系构建和绿道网需求分析;分析采用的方法包括了参数化设计以及适宜性设计;分析的目的是得出绿道网总体布局方案。

　　其中分析方法中的参数化设计是对各种需求要素按照专家打分以及综合评价的方法赋予相应权值,通过对生态廊道、生态斑块、生态最小路径、人文要素、交通要素等进行一系列的分析,初步构建城市生态网络体系。而适宜性设计是指通过对空间美学因素、现状建设因素、现状权属因素、政策经济因素等多种因素的综合分析来考量绿道网的需求及实施条件,最终结合上述已初步构建的城市生态网络体系进行调整改善,得出绿道网总体布局(图1~图5)。

三、总体方案规划

(一)规划目标

　　以构筑完善的生态网络体系为重点,通过市域级绿道和中心城级绿道的构建形成绿道网主体框架,同时与各类绿地内的绿道支线进行灵活对接,形成各项配套设施完善的绿道网络体系。

图1　绿道网总体布局分析流程图

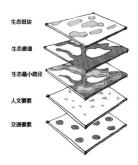
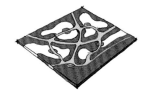

图1

图 2 城市生态网络体系构建流
程图

图 3 最小路径方法模拟生态廊
道构建分析图

图 4 绿道景观资源可达性分
析图

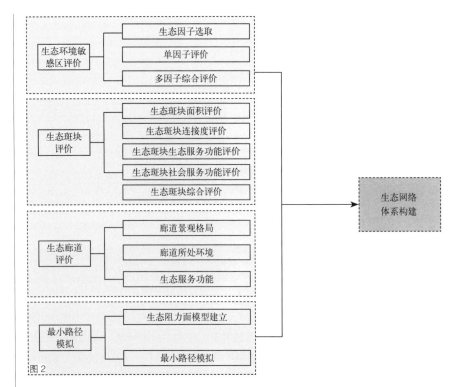

图 2

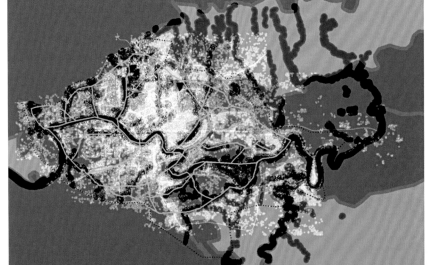

图 3

图例

—— 模拟生态廊道

生态阻力面

阻力值

高

低

图 4

图例

高

低 可达性

图6

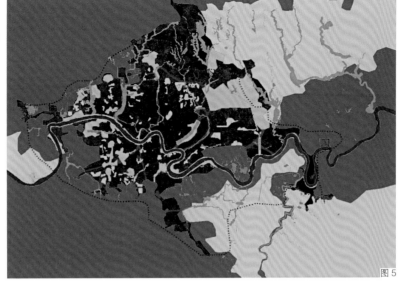

图5

图 例
━━ 市域级绿道（A）
━━ 中心城级绿道（B）
组团级绿道（C）
支线绿道
绿道控制区
● 一级服务驿站
○ 二级服务驿站
○ 绿道兴趣点
▲ 对外交界面

图7

（二）规划原则

　　（1）生态优先，节约环保。
　　（2）整合资源，协调规划。
　　（3）因地制宜，结构合理。
　　（4）以人为本，特色多样。

（三）总体布局规划

　　根据南宁市自然本底特点、城镇发展结构特征、未来发展态势以及自然和人文景观资源的分布情况，以绿道线性联系为基础，点、线、面结合，串联尽量多的景观资源兴趣点、服务尽量多的人群。在规划范围内，以南宁市中心城内最为重要的南北两条生态廊道为基底，重点构筑东西向的邕江风情走廊绿道和南北向的生态核心主轴廊道——"一横、一纵"；结合南宁市中心城区的外缘绿化隔离带，构筑环线绿道——"一环"，达到完善城市格局、更好地服务市民使用的目的；中心城区内的其余重

要水系、生态廊道以及重要的交通绿化走廊以脉络的方式融入城市之中，形成绿道的"八廊"。组团绿道结合了绿带休闲与非机动交通功能，渗透至城市内部，形成"十九脉"；三级绿道共同构成"一横、一纵、一环、八廊、十九脉"的绿道网总体骨架结构（图6、图7）：

　　一横（市域级绿道）——邕江风情走廊；
　　一纵（中心城级绿道）——生态联系廊道；
　　十九脉（组团级绿道）——活力渗透经脉。

项目主管：魏　伟
项目总师：庄　荣　肖洁舒
项目负责人：刘　冰
项目主要成员：董　旭　彭　旭　董心莹　付振勇
　　　　　　　李健炳　章锡龙　胡　炜　粟　玺
　　　　　　　锁　秀　陈新香　梁华巨　京文凤
　　　　　　　沈校宇　许新立　高浩宁

图 5　生态网络体系构建示意图
图 6　绿道网结构构建图
图 7　绿道网总体布局规划图

杭州之江路城市绿道系统设计

杭州园林设计院股份有限公司 / 李　勇　李永红

一、项目背景与概况

近年来，随着"三江两岸"休闲旅游战略的逐步推进，杭州市委、市政府拟全面构建沿钱塘江绿道，大力提升市民生活品质，改善城市生态环境，提高城市品牌效益。

基地是位于钱塘江北岸防洪大堤和之江路之间，近30m宽，有2m高差，全长11km的绿带。整条绿道纵贯上城、江干两个行政区。之江路绿道北邻杭州市区，南靠钱塘江，西连西湖风景区和之江国家旅游度假区，东接杭州经济开发区（图1、图2）。

二、设计要点及创新

设计以建设之江路江滨绿化带作为杭州市城市生态廊道，依托城市河流、道路系统等线性要素，利用城市绿化带紧联城市核心区的特点，将其纳入城市滨水绿道，确立以构建"水清、岸绿、景美"的沿钱塘江城市滨水带为主要目的，力求串联沿江的新城核心区、城市公园、公共广场、地下停车场、特色街道等空间节点并辐射腹地和郊区发展，从而形成以下主要特色：

图1

图2

（一）准确定位，合理布局

之江路绿道系统规划设计，无论是布局结构的安排，还是绿化景观体系的构建，都注意坚持了与地段特征的贴和。设计充分利用钱塘江环境特点，增强城市的亲水性，形成了功能较为完善的综合交通、慢行系统、公共服务立体空间布局，极大地提高了与城市的可进入性，最终也提升了地段的文化价值和景观品质。

（二）利用新城资源，促进生态发展

之江路绿道无缝连接新城核心区，其中轴线布置杭州图书馆新馆、青少年发展中心、杭州大剧院、国际会议中心等大型公共设施和被称为"绿肺"的森林公园和世纪花园（图3）。这些有效资源的充分利用，无疑对提升市民生活品质，带动区域内的信息流动，促进景观生态系统内部的有效循环将发挥积极作用。

（三）生活崇尚自然，城市融入绿带

利用之江路和坝体的高差关系，使城市阳台、杭州大剧院、波浪文化城等公共空间载体，多以架空的形式横跨江滨大道，使城市生活迅速融入滨水绿带（图4、图5）。同时各类公共空间载体也成为线性之江路绿道的具有形象展示、文化传播、休闲等多功能的"休息驿站"。

（四）混合型类型，多元化功能

之江路城市绿道系统是以城市河流型为主，兼游憩型等为辅的综合型绿道；其具有慢行散步、构建绿化缓冲区、联系城市和滨水空间以及加强各临近斑块之间的联系等多元化的功能。

（五）引入慢行系统，倡导低碳环保

设计关注自行车的生存和发展，力求解决好"城市慢行系统"工程，从而缓解城市交通压力。通过设置自行车专用道、公共自行车停放站等措施，为提高道路资源利用率、缓解交通压力、促进节能减排等带来积极作用。

设计还结合利用钱塘江原有抢修通道，改建成江滨绿道的慢行系统（图6）。

目前城市阳台沿江景观带中，专门设置了3.5m宽的自行车道（透水彩色沥青，图7）。另外，沿之江路还分点规划分布着一些自行车停车位和换乘停放点，市民可以骑车到停放点，换乘地铁或公交出行。

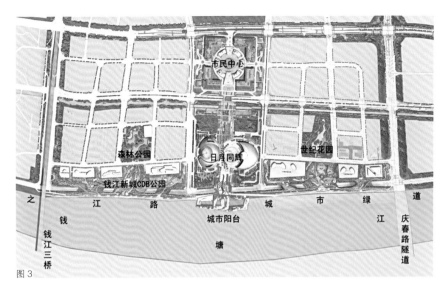

图3

图4

图5

图6

图7

图6 慢行系统
图7 自行车专用道

（六）注重可持续性发展

　　沿江绿道的设计充分考虑了未来城市发展的接入，通过预留接口、道路下穿等手法给未来的城市发展预留了空间。

三、社会环境效益

　　项目的实施发挥了城市人工绿化隔离带很难发挥的应有作用，设计利用城市绿化带与新城核心区、公共空间载体、景点串联的特点，将之江路城市绿道建设成为了一条让市民身心愉悦的滨水风景道，形成了可供游人和骑车者慢行其间，并与城市生态环境密切结合的带状景观斑块走廊。

　　之江路城市绿道系统的实施改善了整个江北区域的景观环境品质，使沿线各个文化节点、公园及各类配套设施等的生态效益、文化效益和社会效益得以更好地发挥。

2014 年青岛世界园艺博览会青岛园规划设计

青岛市市政工程设计研究院设计四所／徐国栋　张世敬

公园一词在唐代李延寿所撰《北史》中已有出现，花园一词是由"园"字引申出来，公园花园是城乡园林绿地系统中的骨干要素，其定位和用地相当稳定。当代的公园花园每个城市居民约 6～30 m²/人。

一、青岛世界园艺博览会举办背景

2009 年 9 月 15 日，在国际园艺生产者协会第 61 届年会上，青岛获得 2014 年世界园艺博览会的举办权，2011 年 8 月 31 日，经国务院同意，商务部批复，2014 年青岛世界园艺博览会由国家林业局、山东省政府、中国贸易促进会、中国花卉协会共同主办，青岛市政府承办，成为国内第四次承办世界园艺博览会的城市。

青岛世界园艺博览会选址李沧区百果山森林公园，相对于国内举办过的几届世园会，百果山森林公园位于崂山风景名胜区协调区，园区取景自然，有起伏的丘陵、浑厚的岩石、肥沃的土壤、清澈的水系、层次错落而茂密的森林等诸多自然资源，地势变化丰富，空间开合有度，与明代造园家计成的"园地唯有山林最胜"理论相契合。青岛凭借旖旎的山海风光，成为国内首个具有海滨气质的世园会举办城市。

二、青岛世界园艺博览会规划及设计概况

青岛世界园艺博览会园区总面积 241 hm²，包括 164 hm² 的主题区和 77 hm² 的体验区，由同济大学副校长吴志强教授担任总规划师。园区以浪漫的中国古典神话故事"七仙女下凡"为设计灵感，提出"天女散花、天水地池、七彩飘带、四季永驻"的规划理念，在此理念上园区形成"两轴十二园"的空间结构。其中"两轴"为南北向鲜花大道轴及东西向林荫大道轴；"十二园"包括主题区内的中华园、花艺园、草纲园、童梦园、科学园、绿业园、国际园，以及体验区内的茶香园、农艺园、山地园、百花园、花卉园等。主题区的 7 个园作为仙女们七彩飘带的载体，由中心向四周散去，在园区内均衡分布，形成色彩主旋律；体验区的 5 个园以安全管理和人流疏散为主要功能，景观上强化地方特色（图 1～图 4）。

图 1　青岛世界园艺博览会灵感演变过程

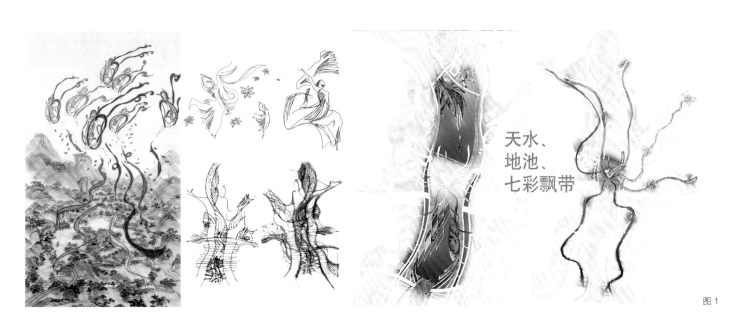

天水、
地池、
七彩飘带

图 1

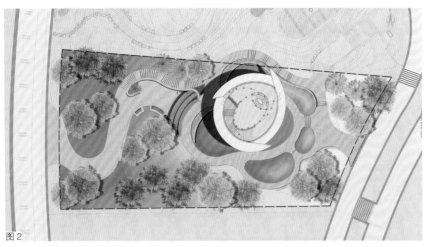

图2

图3

图4

制宜，体现本土文化，打造特色景观。

本次世园会执委会提出要建设"世界一流、中国时尚、山东特色、青岛品牌"的总目标——以文化为灵魂，坚持文化立园，建设"文化园区"；以环保为方向，做好低碳实践，建设"低碳园区"；以科技为手段，建设"数字园区"，这些理论基础成为本项目的研究方向。

三、青岛园地理概况

青岛园位于中华园内。中华园地处主题区东南部，总体地形东高西低，有较明显的台地结构。规划以"山水相融，天地人和"的主旨思想串联中华大地，展示上下五千年的历史文明及中华民族和谐包容的思想精髓。中华园内道路设置为三级，一级路连通天水路与世园大道，二级路为主要人行观赏路线，三级路供展园内游人漫步游览。

青岛园位于中华园中部，地理位置优越，平面呈矩形横跨于中华园一级、二级道路之间，北接齐鲁广场，南临潍坊园。园区东西向长约 64 m，南北宽约 30 m，总面积 1891 m²。因位于中华园台地区域，场地内高差大，最大高差约 13 m，人在园中，可眺望植物馆、主题馆，俯瞰中华园，远及鲜花大道，具备得天独厚的观景条件（图5）。

四、青岛园规划设计

（一）设计源泉

青岛依山傍海、风景秀丽，广阔的海面给城市渲染了蓝色的基调，记载了耕海牧渔的历史和激情扬帆的岁月。纵观历史，无数千年古城湮没在历史长河中，而建制仅 120 年的青岛，则凭借海洋为当地带来的文化与资源，振翅腾飞，享誉世界。海洋成为青岛融合多元文化的催化剂，是这座年轻城市吸收东西方气质的载体，它为城市注入了青春、活力与激情，使青岛犹如一朵绚烂的花，绽放于黄海之滨。

（二）规划理念

围绕执委会确定的建设总目标对青岛园需要展示的内容进行思考：首先要体现青岛特色园艺水平和绿色生态环保理念；其次要展现青岛建设发展取得的新成就；第三是呈现青岛的人文历史和特色文化。

本届青岛世园会的设计主题为"让生活走进自然"，以"文化创意、科技创新、自然创造"作为各园区规划的重要原则，凸显青岛海洋、山地、生态、科技、开放的地区优势和特色。本届倡导绿色生态低碳发展、人与自然和谐相处，同时坚持因地

图5

（三）方案构思

如何将"文化园区、低碳园区、数字园区"体现在一个不足 1900 m² 的展园中？如何将青岛的历史文化、风土人情、城市精神、经济建设成就融入展园？

1. 景观框架

青岛园以"梦幻的花朵"作为设计主题，采用"简于形，精于神"的手法，呈现出青岛市花"月季"——将一朵绽放的月季抽象成设计元素，作为展园的平面构成图案，将自然拟态融入新颖的园艺之中，既契合本届世园会主题"让生活走进自然"，蕴含世园会"花开青岛"的寓意，同时又呈现出青岛这座海滨城市充满活力、热情、浪漫、包容的优雅气质。

2. 展示项目

规划以低碳环保为技术目标，引入与植物相关的雾森技术、垂直绿化技术，与能源相关的空气取水技术、风光互补发电风车技术、光伏玻璃技术、地源热泵技术，采用可开启式玻璃幕墙作为"花朵"外观载体，"花朵"内以虚拟成像技术呈现青岛园的精华，设计将多方面高科技生态技术引入展园，以实现"梦幻之花"的设计主题。

五、青岛园具体设计

（一）景观园艺设计

青岛园的设计旨在摆脱微缩景观的造园形式，采用现代建造艺术，将"梦幻的花朵"物化为轻盈流转的"花房"主题构筑物，挺立于中华园。"花房"周围层层起伏的花海依附于绵延地势，恰似海浪托起一朵绽放的花蕾，通过灵动的空间及色彩变化使游客产生亦真亦幻的游园体验。

1. 马牙石、虎皮墙、石台阶——青岛老市区的符号

青岛老市区用花岗岩石块铺砌街道，因石块上宽下窄形似马的牙齿而得名"马牙石"。波螺油子是 20 世纪 20 年代建成的一条著名的马牙石路，因弯多、陡坡，形状像海边小海螺的肉，螺旋而上，流传为"波螺油子"，这条记载了青岛几多历史印迹的道路，在老青岛人心目中镌刻下难以忘却的情节。怀着这份情愫，作为本地展园的设计师，我们在对青岛园硬质景观设计时因形就势，就地取材，充分还原青岛老城区特色，彰显运用花岗岩石材的娴熟技艺（图 6～图 9）。

图2 青岛园平面图
图3 青岛世界园艺博览会规划效果图
图4 青岛园开园之际实景照片
图5 青岛园位置示意图

图6

图7

图8

图9

园路与花房之间塑造微地形种植各色花卉。为体现本届世界园艺博览会主题,青岛园特以热烈开放的地被花卉、独具特色的观赏草迎合展会的园艺氛围,以蓝色系、白色系、红色系地被花卉沿花瓣形园路两侧铺展开,形成"景在园中,人在景中"的优美画卷。

青岛园植物以"源于自然、再现自然"为出发点,通过对青岛代表植物,如杜鹃、耐冬、月季的运用,又加入乔木新品种,如七叶树、沼生栎、日本花柏等,在起伏的地形上营造山林效果,在炎热的夏季展期形成凉爽宜人的小气候。

在园中行走,脚下的路与身边的景墙含蓄透露着海洋的气息——青岛园创新采用了"全覆式古旧混凝土",它将建筑材料与浪漫的沙滩元素糅合一身,人们会欣喜地发现海边拾到的贝壳、海星、鹅卵石星星点点地藏在这如海沙却仍坚固的材料中,时而脚下,时而手边,使步行成为乐趣(图10)。

3. 虚拟花房

沿马牙石路继续前行,将进入"虚拟花房",这个因地势而半遮半掩的环形剧场蕴藏着青岛园的展示精华,这里采用了国际上称为"Fanta-View Magic Vision"的幻影成像技术,开创性地与底部LED屏相结合,形成上下及四周的全方位展陈,这种具有整体观赏效果的展示方式能为观众带来极强的视觉冲击力。

(二)生态技术应用

1. 雾森技术

雾森是通过高压系统促进水的运动,再通过高压使带电的微小水滴分裂,带负电的水滴表层和空气中的原子或分子结合,形成颇似自然雾气的白色水雾,犹如"雾的森林"。青岛园在景观中轴两侧绿地中各敷设一条雾森系统,在青岛园室外植物景观的营造中既有利于花卉植物的成活又起到室外降温的作用,为夏季的展会营造浪漫清凉的室外环境。

2. 垂直绿化

地上阳光花房主要采用立体绿化手段营造真实的花卉体验。在构筑物钢结构外,利用独创的立体循环技术栽培观赏花卉,这种技术优势体现在:①培养钵质轻坚固、耐久性强,可随时更换;②支撑骨架结构稳定坚实,避免植物对钢结构的腐蚀破坏;③养护采用自动化方式,所需的水分和肥料可自动灌溉;④整套组合系统技术组装、拆卸、维护简单方便(图11、图12)。

3. 空气取水

空气取水是一项专利技术,它通过集除湿装置、

2. 花卉、古旧混凝土——华丽的创新

走过蜿蜒的马牙石路,一处回行种植池将人流分道两边,沿左侧台阶拾级而上,游客即进入主题景观区,晶莹剔透的"阳光花房"跃然眼前。花房周边以流畅通达的园路构成平面形式的"花瓣",

蒸发机及冷凝器于一体的特别装置来收集大气中的水气。目前世界人口所利用的,无论是饮用水还是工业用水,主要都是来自江河,而大气中所含有的新鲜洁净水的总量是整个大陆江河水总量的10倍。青岛园将这一专利技术引入园区:①将空气取水设备进行拆解,展示在景观挡墙的透明展示柜中;②在室外设置空气取水设备,现场取水并提供游客饮用;③一部分空气取水将为花房植物提供灌溉、加湿用水。

4. 风光互补发电风车

风能和太阳能都是清洁能源,为风光互补发电系统的推广应用奠定了基础。风光互补发电系统是由风力发电机组配合光伏电池组件组成,通过专用的控制逆变器,将风力发电机输出的低压交流电整流成直流电,并与光伏电池组件输出的直流电汇集在一起,充入蓄电池组,实现稳压、蓄能和逆变全过程,为用户提供稳定的交流电源。青岛园在主入口北侧采用3支风光互补风车进行发电,所产生的电能直接用于空气取水设备运行(图13、图14)。

5. 可开启式玻璃幕墙

地上花房外立面采用玻璃幕墙形式,尤其竖向转动的玻璃百页,通透、灵动、挺拔。选择3处最佳观赏位置设置21片可开启玻璃,由顶部的电机系统进行驱动,单片玻璃百叶宽度为0.5m左右(根据安装位置放线,每片玻璃尺寸不同),最长达到7.8m,为目前国内最高的电动玻璃百页(图15)。

6. 光伏玻璃

光伏玻璃是利用太阳辐射发电,具有相关电流引出装置及电缆的特种玻璃。它有着美观、透光可控、节能发电且不需燃料、不产生废气、无余热、无废渣、无噪声污染的优点。青岛园"阳光花房"花瓣顶面采用光伏玻璃,体现清洁、绿色、节能的低碳环保理念(图16)。

7. 地源热泵

地源热泵利用地下浅层地热资源,是一种既能供热又能制冷的高效节能环保型空调系统。地源热泵通过输入少量的高品位能源(电能),即可实现能量从低温热源向高温热源的转移。它的优点在于:①环保,没有室外机,无任何污染和排放;②舒适,室温的分布更合理,温差小,舒适感好;③节能,比传统空调节能40%～60%;④稳定,整个系统运行稳定,不受室外气候条件的影响。青岛园地源热泵系统作为"隐形展示"项目,为地下虚拟花房及地上阳光花房提供持续的恒温恒湿,与可开启玻璃一起为花房营造舒适的游赏环境。

图10

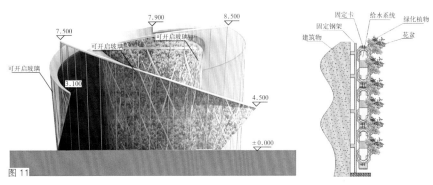

图11

图12

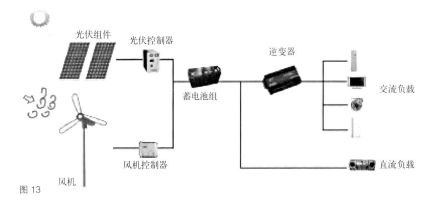

图13

图 14

图 15

图 16

图 17

8. 幻影成像

"虚拟花房"是以 360° 幻影成像技术为核心的椭圆形剧场,设计师依据花朵的绽放策划出以"花·城市·生活"为主题的故事,呈现"让生活走进自然"的世园会主题。展项采用上部 360° 全息幻影成像加底部 360° LED 电子屏的上下全方位展示形式,营造出亦真亦幻、震撼唯美的艺术视觉效果。在剧场外等候区墙壁上加入智能互动系统,丰富"虚拟花房"的内容传达,使游客参与到故事中,产生身临其境的感受(图 17)。

六、结语

漫步青岛展园,既能感受到优雅的百年欧陆情结,在回忆中寻找久远的感动,又能领略当今绿色环保的高科技园艺技术,使人领略园艺科技发展的前沿力量。作为世界园艺的领军盛会,青岛园在低碳环保方面做出了努力尝试,为清洁能源的普及现身说法,希望不久的将来,绿色科技、低碳生态可以成为景观设计的主旋律,为我们的环境带来福报。

项目组成员名单
项目负责人:徐国栋
项目参加人:王真功　张大鑫　张世敬　李　硕
项目演讲人:张世敬

2014 青岛世界园艺博览会北京园设计

北京市园林古建设计研究院有限公司／杨　乐　张东伟

一、项目概况

北京园——四合人家，位于青岛世园会中华园的东北角，园区主轴线呈东北—西南走向，占地 2465 m²，独立成园，是中华园内面积最大的展园（图 1）。

二、设计理念

本次设计没有延续往届世园会中北京园多以皇家园林为蓝本的思路，而是撷取了既贴近市民生活，又兼具人文雅趣的四合院题材，以"美丽北京，合院生活"为造园主题。

三、设计特点及艺术风格

"四合人家"在吸纳传统园林精华，融合现代建筑元素的基础上，通过现代园艺技术和文化小品的布展，彰显民居的文化特色，力求打造出一幅幅生动的老北京风情画。设计从建筑形式、生活场景、

图 1　北京园平面图

|风景园林师|
Landscape Architects
107

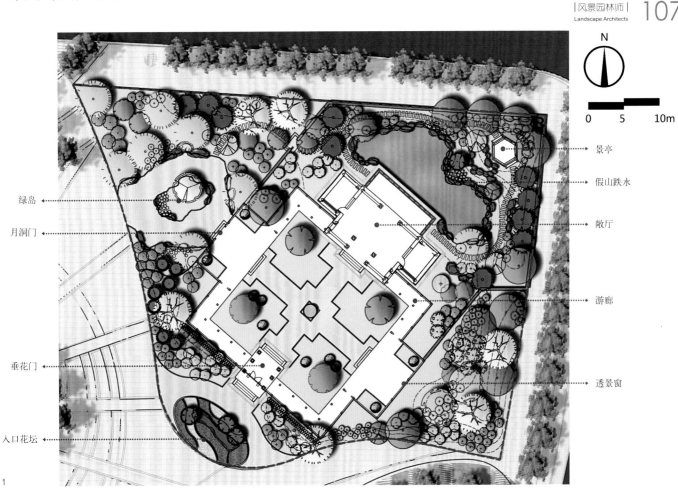

绿岛

月洞门

垂花门

入口花坛

景亭

假山跌水

敞厅

游廊

透景窗

N

0　5　10m

图1

图 2

图 3

图 4

图 5

图 6

植物种植等多方面强调了北京特色,反映了北京市民的生活状态。

园中塑造了诸如"松石迎门"(图 2)、"高山流水"、"四合人家"、"百花深处"(图 3)等一系列颇具北京历史渊源的园艺景点,既向游人展示了园艺技术,宣传了北京四合院文化,又借月季同是北京与青岛市花的巧合,传递了两座城市之间的深厚友谊。

北京园的格局在传统四合院"一正两厢"的基础上,优化改良为敞轩附带东、西室外展场,并增加后花园的会展式园林布局。园中创新性地运用古建烫蜡工艺(图 4)和立体花墙园艺技术,结合传统的花艺人物造型、盆栽以及盆景等园艺形式,营造出四合院独特的文化氛围,艺术地再现了四合院内"天棚鱼缸石榴树,老爷肥狗胖丫头"的老北京传统生活场景(图 5),旨在反映京华百姓的生活,演绎"让生活走进自然"的世园会主题,传承经典,发展创新。

四、北京园建设内容

按照传统四合院的布局形式,打造"一轴四点五区"的景观结构,形成稳重大气、方正内敛的展示格局。入口景石、垂花门、正房(敞厅)、六角亭构成北京园的游览主轴线与景观标志点,入口区、四合院庭院、后花园则是园艺展示的核心区域。

入口区以景石、垂花门等元素突出北京园的形象特征,产生鲜明的视觉效果,吸引游人。垂花门在四合院建筑和中国古建筑中独具特色,以垂花门作为北京园的入口,体现了浓郁的"京味园林"特色(图 6)。

敞厅源于四合院中的正房,是园中的主体建筑。为适应世园会的功能需求,将正房进行园林化处理,改造成适合于参观、展览的建筑,既能供游人驻足、观景、休息,又能用于室内的园艺展示(图 7)。

庭院内植树栽花,叠石造景,摆设盆景,庭院中央放置青花瓷大缸养金鱼,把庭院打造成花木扶疏、幽雅宜人的室外生活空间和露天起居室,盛情接待前来参观的游客。

后花园在清代多在紫禁城和王府等高等级的院落才布置,在北京园中加以借鉴,是当代的创新,也是对现代四合院环境的提升。在后花园中设计水池、假山、跌水和景亭等,遍植花草树木,打造成敞厅的框景"高山流水"(图 8、图 9)。后花园不仅是主建筑敞厅美丽的对景,由六角亭回看北京园也别有一番风味。

五、园艺展示方式

园中采用多种园艺方式展示植物景观，以突出园艺博览会的主题。

地栽园艺：园中植物的选择以四合院常用植物和北京乡土植物为主，与建筑、水池、地形、山石、瀑布等元素相得益彰，营造绿荫环抱、繁花似锦的园林景观，烘托四合院中热闹的生活氛围（图10）。

立体园艺：以立体花坛的新园艺形式展示花墙，体现了北京四合院的古居新貌。

造型园艺：通过小花狗、传统吉祥符号等再现四合院的生活场景，为园中增添几分温馨、惬意的感受。

插花与盆栽园艺：利用四合院生活中常用的缸、盆、钵、座墩等生活器具和老物件，以朴素、雅致的盆景，摆设于园中各处。通过对植物的整形和修剪，以植物造型的方式塑造老北京四合院的传统氛围，赋予园林浓郁的生活气息。

攀援及水生植物园艺展示：园中廊架上攀爬紫藤、凌霄；后花园水池中栽植荷花、睡莲、香蒲等水生植物，寓意园艺之花犹如荷花一样香远益清，向五湖四海传播。

图7

图8

图9

图10

2014 年青岛世界园艺博览会上海展园

上海市园林设计院有限公司 / 张荣平

一、快城市，慢生活

在以"速度"和"数字"为衡量指标的今天，"快"让人错失了身边很多美好的事物。我们要让"速度"的指标撤退，以提醒在快速生活节奏下的人们：请慢下来，留心身边的美好。

"让生活走进自然"作为本届世园会的主题，向人们传达一种生活理念，一种生活方式，而上海作为国际大都市，正在向人们传达这种生活的价值观，引领都市中新的生活方式。通过本次青岛世园会上海展园建设的契机，设计意在向人们提供一个感受美好、享受自我、放慢脚步、品味生活的空间，这或许是一种有效且意义深远的举动。上海慢生活园位于中华园西北部，占地面积约 1350 m²，整个地势东高西低，高差有 4.5 m。整个展园反映了当代上海在城市高速发展过程中对生活品质及生活环境的思考，体现上海的前沿觉悟；同时精心营造的展园景观也体现出了上海在园林园艺等方面的新成就和新理念。

二、竹席上的悠闲时光

竹作为中国古典文化中极其重要的一种元素符号，代表着一种自然、典雅、高洁、悠闲的生活情趣，与本园所要传达的精神相统一，同时竹的各方面的特质又与本届世园会的主题——"让生活走进自然"及当代的环保理念高度吻合。

因此，本案的"慢生活"便以竹为线索展开，立意为"竹席上的悠闲时光"，结合人的不同感官体验，将场地分成若干个与竹及园林造景要素相融合的场所，通过布满竹板的游览步道将其串联起来，组成一个主题明确、内容丰富、寓意深刻的景观空间。游人漫步于上海园时，可从"视、闻、听、触"

四方面感官全方位地体验慢生活的意境（图 1）！

游人在中轴线广场西望，映入眼帘的便是展示上海城市形象的竹制和不锈钢板材料结合的镂空景墙，新颖的材料运用、简洁的城市剪影和慢生活主题景墙，用细致的人文关怀和亲切的主题理念即刻唤起人们探寻上海慢生活园的兴致（图 2）。

三、踏竹入园，"听"一滴水的旅行

从游人踏竹入园起，便开始了"一滴水"的旅行。一滴水从入口的水帘中散落后，从疏密有致的大小块石缝隙中流出，时而跌级，时而流淌，游人可以驻足俯身去观看飞溅水花；一滴水时而与景石相遇，石槽跌水夹杂着阵阵花香，放慢步伐，游人亦可坐在块石上静静地感受水声叮咚；一滴水时而又在繁花和水生植物中穿行，共同构成一幅跌水潺潺、落英缤纷、意境深远的"花之溪"。同时，"花之溪"也是一处全园的雨水循环利用系统，通过一定的设备设置，将场地内的雨水进行储存及再利用，与世园会"让生活走进自然"的主题理念高度统一。缓缓地，一滴水流入了中心水池，这时候，游人可以静坐水岸回味这"一滴水"的旅行（图 3）。

四、去留无意，"闻"茶园芬芳

沿着潺潺水声和淡雅花香，绕过竹墙，循着竹制园路拾级而下至自然毛石垒砌的茶香台地园，布满青苔的自然毛石台垄上种植有崂山茶，漫步在上海园的茶田，仿佛置身于大自然的怀抱，在这里远离城市的喧嚣，让生活真正地走进自然。待到茶园丰收时，游人可以体验到采茶的乐趣。茶田之上再精心点缀有海棠、樱花等春花树种，营造出淳朴自然、繁花浪漫，可供游人闻茶香、观春花、启思考的茶田园。

五、荣辱不惊，"看"庭前花开花落

中心区"绽放的玉兰"造型是由上海的市花白玉兰演绎而来，以白玉兰花朵的形态为基础，进行抽象化的组合，体现白玉兰清新有形的花瓣组合特色，既能体现出上海的符号特色，也形成形态立意新颖的景观小品构架及游人的停留集聚场所。"绽放的玉兰"整体造型抽象新颖，由五片大小不同、形态各异的抽象花瓣构成，花瓣之间相互组合，形成一朵抽象化的白玉兰花，整体形态轻盈通透，现代感与淳朴性并存，犹如洁白的玉兰撒落在静谧的花园草地中，既与世园会主题相吻合，倡导环保自然，同时，玉兰树下三三两两的竹制鸟笼可以吸引游人驻足停留。在玉兰造型树的南侧为中心区的主景树——樱花，在构架顶部叶片缝隙洒下的斑驳光影上，在樱花树的落英缤纷中，在花团锦簇的花镜簇拥下，荣辱不惊，看庭前花开花落，感受别样的上海慢生活园（图4）。

六、流连忘返，"触"竹席而悠然

环绕着"玉兰"及樱花树的是竹篾编织的竹榻，整个竹榻的造型与玉兰树的造型相得益彰，现代简约而不失文化的符号，或宽或窄，或开或聚。在这里游人或三两成群端坐攀谈，感受久违的亲情友谊；或仰卧其上静观天空，看天上的云卷云舒；或倚靠竹背静心聆听身边的鸟声、虫声及微风划过树梢的摩挲声，感受自然之变幻。在慢生活园内有静亦有动，既在竹制的垂直绿墙上布置供游人互动游玩的秋千；又在园内布置倡导绿色生活方式和自然健康生活方式的绿色自行车（图5）。一竹榻、一景墙、一秋千——互动、展示、启发、思考快城市里的慢生活……

让生活走进自然，远离喧嚣，享受悠然，让时光在上海园驻足！在这里我们踏竹入园，听"一滴水"的旅行；在这里我们去留无意，闻茶园芬芳；在这里我们荣辱不惊，看庭前花开花落；在这里我们流连忘返，触竹席而悠然。在这里"慢生活"理念渐成快城生活新风尚！

项目组成员名单

项目负责人：张荣平

项目参加者：秦启宪　蔡　伟　詹先来　王俊杰

项目演讲人：张荣平

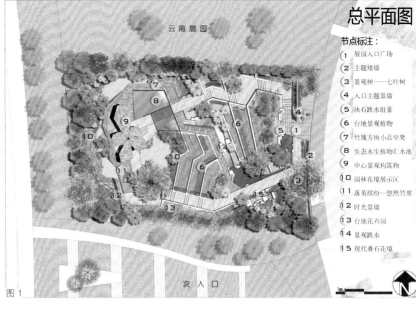

图1

总平面图

节点标注：

1 展园入口广场
2 主题矮墙
3 景观树——七叶树
4 入口主题景墙
5 块石跌水组景
6 台地景观植物
7 竹篾方块小品坐凳
8 生态水生植物汇水池
9 中心景观构筑物
10 园林花境展示区
11 落英缤纷—悠然竹席
12 时光景墙
13 台地花卉园
14 景观跌水
15 现代叠石花境

云南展园

次入口

图2

图3

图4

图5

图1 上海园总平面图
图2 入口慢生活竹片景墙
图3 花之溪
图4 玉兰造型雕塑
图5 竹制景墙与自行车

第九届中国（北京）国际园林博览会岭南园设计

广州园林建筑规划设计院／梁曦亮

2012 年 1 月广东省人民政府应北京市人民政府邀请参加第九届中国（北京）国际园林博览会岭南园的营建。展园占地面积 14600 m²，以"岭南谣、故乡情"为主题，运用传统岭南园林的造园手法，通过营造"九曜春晓、月照名堂、南国红豆、雨打芭蕉、粤韵风华、渔歌晚唱、泮塘荷风、妆台绮绣、虹云飞韵、秋水龙吟"十景，传承岭南园林的精髓和彰显岭南文化兼容、进取、务实、创新精神。

一、项目概况

2013 年北京园博会的口号是"园林城市，美好家园"，主题是"绿色交响，盛世园林"，大会要通过各种园林艺术手段，打造"园林文化百科"，演奏出一曲"人与自然和谐的交响乐章"，展现出我国园林事业的繁荣发展。

岭南园是代表广东省的展园，它位于传统展园区，占地面积约 14600 m²，投资约 2300 万元。岭南园东临闽南园，西接中国园林博物馆，场地东南高、西北低，北临雨水花园和主轴线，场地平整开阔。

展园营建目标是通过岭南园的建设体现岭南园林，特别是广东地区的造园特色，达到视觉很岭南，精神更岭南的艺术效果。

二、立意构思

岭南园的主题"岭南谣，故乡情"，源于岭南童谣，"点虫虫、虫虫飞、飞到荔枝基"。通过粤韵童谣为索贯穿全园，打造"九曜春晓、月照名堂、南国红豆、雨打芭蕉、粤韵风华、渔歌晚唱、泮塘荷风、妆台绮绣、虹云飞韵、秋水龙吟"岭南园十景，寄寓着岭南人对于生活最透彻的感悟（图 1）。

图 1 岭南园十景鸟瞰图

岭南园记

园林者，人工与自然交融之胜景也。岭南园深广二十亩，庭院两进。园之布局，错综变幻，步移景易，融周边秀境于一体，纳永定塔于尺内。园内计有九曜春晓、月照名堂、南国红豆、雨打芭蕉、泮塘荷风、妆台绮绣、粤韵风华、渔歌晚唱、虹云飞韵、秋水龙吟等十景。其工艺，集传统岭南造园要素之精华，镬耳墙、趟栊门、假山塑石、泥灰陶三塑、木石砖三雕、琳琅悦目。楹联儒雅，粤音良易，入红肥绿厚，尽现岭南园林之境域。妙语霞飞化之青幽秀美、鸟活奇新。籍北京园博园一方宝地，以飨知宾。是为记。

公元二千零一十三年五月，北京举办第九届中国国际园林博览会，广东省人民政府应邀兴造岭南园，历时九月建成。

岭南园平面图

0 2 5 10   20m

往中国园林博物馆

无障碍通道

主入口

主入口
无障碍通道
往闽南园

1 九曜莲池 (Jiu Yao Lian Chi)
2 亲水平台 (Qin Shui Ping Tai)
3 主景石 (Zhu Jing Shi)
4 岭南园大门 (Ling Nan Yuan Da Men)
5 连廊 (Lian Lang)
6 佳音水榭 (Jia Yin Shui Xie)
7 荫棚 (Yin Peng)
8 画眉船厅 (Hua Mei Chuan Ting)
9 卓锡泉 (Zhuo Xi Quan)
10 浣风台 (Huan Feng Tai)
11 船舫 (Chuan Fang)
12 潮汕文化景墙 (Chao Shan Wen Hua Jing Qiang)
13 曲桥 (Qu Qiao)
14 荷花池 (He Hua Chi)
15 狮子上楼台 (Shi Zi Shang Lou Tai)
16 壁山飞瀑 (Bi Shan Fei Pu)
17 小姐楼 (Xiao Jie Lou)
18 卵石滩 (Luan Shi Tan)
19 虹云桥亭 (Hong Yun Qiao Ting)
20 塑石跌水 (Su Shi Die Shui)
21 对歌台 (Dui Ge Tai)
22 梅花月洞门 (Mei Hua Yue Dong Men)
23 雨水花园 (Yu Shui Hua Yuan)

图2

图 2　总平面图

"岭南"不仅代表祖国的南方，而且代表一种悠久浓郁的文化。"歌谣"寓意广东省参展的岭南园将在北京园博会这"绿色交响乐章"中，唱响一曲奉献给广大公众的岭南谣，对游园的岭南人来说这是一份浓情蜜意的"故乡情"。

岭南园的风格以广府园林为主，融入客家、潮汕、五邑的园林特色，融汇中西文化，博采其长，为我所用，使岭南园既不失地方特色，又富有现代感。

三、总体布局

全园布局为庭园并列式的组合。建筑与山水结合自然，画面围绕水景展开，景点相互照应，庭院空间平易，园林意境清远。室内室外，园内园外的空间相互渗透，体现岭南水乡特色（图2）。

园林建筑采用门堂、连廊、水榭、荫棚、船厅、旱舫、小姐楼、桥亭等岭南常用形式，轻巧明快，玲珑通透。游客由园博轴入园，便见棕榈夹道，浅谷清溪，以水迎客，过广济桥，沿九曜奇石而行，到达刻有"岭南园"的主景石广场，南折穿过岭南民居式大门进入庭院区。前庭连廊环绕，竹影摇曳，庭内摆放岭南艺术盆景，照壁是一幅砖雕景壁。经连廊至水榭，榭中常奏广东乐曲，粤韵风华。水榭之南，为一水庭，水廊环绕，东临荫棚，棚内一派热带雨林景观，令人惊艳；西廊靠湖，廊外尽赏湖光山色，宜停宜留。水庭南为船厅，一层可听泉品茶看戏，二层可欣赏岭南文化展览。船厅以南为卓

锡泉，向西，便进入园池区，通过石级小径，经浣风台来到旱舫，登"船"观景，只见一池碧波，山水相依，水石穿插，叠石流瀑。下船北上，跨荷塘曲桥，穿塑石山洞，登上小姐楼，远望宏伟永定塔，更觉与窈窕小姐楼相互呼应，相映成趣。下楼东行，沿虹云桥亭两岸可欣赏岭南佳果，然后伴着客家山歌行经百花坡，穿过梅花月洞门，回到前庭。至此，游尽全园，领略了岭南园林的精髓与风采。

岭南园的植物配置，是以北方植物为基础，在重点区域集中运用岭南花木，营造岭南植物景观。特别是荫棚内，广植芭蕉、棕榈、杪椤、观赏姜、兰花等，加上喷雾效果，给游客身临岭南的感觉。

岭南园运用塑石、塑山、砖雕、灰塑、木雕、陶瓷、广彩等特长工艺，结合岭南书画、盆景、根雕、宫灯、家具等，凸显出十个反映粤韵歌谣、岭南文化意境的景点。

游线处理：以一条主环线串联各主要景点，各景点相互对景、借景，空间层次丰富，步移景异。另有一条石汀步游园捷径，方便不同人群选择性游赏园内精华景点。同时，全园区考虑了无障碍通道的设置。

四、岭南园十景

（一）九曜春晓（主入口广场）

主入口广场用童谣"落雨大"带出一份岭南街

图 3

图 4

图 5

114 风景园林师
Landscape Architects

图 6

图 7

坊生活的情意。采用九曜奇石、莲池湿地、广济桥、石板路和棕榈园的形式，于池边亲水平台上的主景石上刻"岭南园"。自然山水式的入口体现岭南园低调、淡定的精神。借自（1100 年前）五代南汉广州的"九曜药洲仙境"，取明代羊城八景之一"药洲春晓"的意境（图 3）。

（二）月照明堂（大门 + 前庭）

广府民居式的大门连同前庭采用童谣"月光光"的声景，带出一份温馨的岭南人家的情意，体现兼容、亲和的岭南精神。大门设计表达广府民居特征，清水砖、趟栊门、瑷耳墙、砖雕、灰塑、嵌陶、琉璃花窗等一一展现（图 4）。

大门主横匾题"粤秀"，两旁侧门匾题"云山"、"珠水"。正面对联"拾径疑为天上景，满园尽是岭南风"。背面对联"莫问南北楼台，螺径船厅，廊桥竹苑千秋韵；试看清佳山水，黄蕉丹荔，叶绿花繁四季春"，一语囊括全园景色，表达广东人对家乡白云山青、珠江水美的骄傲和自豪。穿过大门进入由连廊围绕的前庭，正面是一幅石雕照壁景墙，画面主题"松鹤延年"。庭院内摆放岭南艺术盆景，陶瓷水缸植睡莲。庭西的梅花月洞门匾题"入胜"，隐隐透出园池区的绿意（图 5、图 6）。

（三）南国红豆（佳音水榭戏台）

绕过前庭，水庭边筑一水榭，取南国红豆的意境，体现广东戏剧人文情怀。展期的水榭中将表演广府粤剧、客家汉剧、潮汕潮剧等经典曲声。水榭横匾题"岭海韵"，对联"绿绮琴催，妙舞漫随杨柳曲；红云宴罢，清歌轻飏荔枝香"。这里即可作为三五知己即兴对唱的场地，又可作为水边停留休息和闲赏园景的场地（图 7）。

（四）雨打芭蕉（热带植物荫棚）

水榭之后，是第二个庭院——水庭。水庭东侧的这抹绿意，静静地为您带来一丝清新，这里便是岭南园特意打造的岭南特色植物荫棚，名为"雨打芭蕉"，取"雨打芭蕉落闲庭"的意境。

荫棚内有溪涧、绿岛、板桥、夹巷等景物，广植芭蕉、棕榈、桫椤、兰花、凤梨、观赏姜、藤本以及观叶植物等，加上喷雾效果，给游客身临南国的感觉。在北京展示岭南植物，体现岭南园兼容、创新的精神。荫棚内打造蕉林、青云巷、兰香 3 个主要景点。蕉林以芭蕉叶叠水景墙为主景，配合各式蕉类、观赏姜等。青云巷由一段残墙门洞和满洲窗景墙组成，对联无声地演绎着"青云路"、"白玉桥""蕉逢快雨千层绿，鸟唱新晴万籁春"的婉约意境。兰香以兰花景墙为主景，配合桫椤、塑红砂岩、盆景等，行走其中，微风习习伴着兰花幽香，沁人心脾让人沉醉（图8、图9）。

图8

（五）粤韵风华（船厅+卓锡泉）

船厅是岭南园林极具特的建筑。一层架空通风透气，两边临水，可听泉品茶看戏，二层展览岭南书画、端砚、家具、宫灯、盆景、根雕等艺术品。站在船厅中，听对面戏台传来的粤曲佳音，品味着岭南人生活的自在情趣，横匾题"粤韵风华"，对联"且把春花移雪野，当教北国有江南"。推窗，晨光溢入，鸟语花香，粤语流行曲"珠玑路晨光"声声入耳，和着船厅的每一处摆布，到处都表现出岭南人的生活细节和务实精神（图10）。

图9

设计中运用传统园林对景的手法，透过架空的船厅可见岭南园的水景之源，黄蜡石叠石飞泉，题"卓锡泉"，寓意六祖惠能到岭南时用手中锡杖打下的一口山泉，启示岭南园之水如同那曹溪之水，开始只是涓涓细流，最终汇入巨池汪洋。船厅的一层摆设根雕茶座，配对联"色相本虚无，岭表奇缘逢六祖；幻真凭觉悟，曹溪圣地立南宗"。透过一茶一泉，表达岭南人对六祖惠能和禅文化的特殊敬意（图11）。

图10

（六）渔歌晚唱（旱舫+潮汕文化墙）

"龙舟歌"的祝福，艇仔粥的味道，水边的旱舫象征岭南水上人家的写意生活。旱舫如一艘驶向大海的红船，舫上有精致的潮州木雕和浓郁的工夫茶香。旱舫前，水面平远，湖名"万绿"，站在船头，仿佛有一阵阵海风迎面拂来。旱舫横匾题"碧海兰舟"，船头对联"波间写意思亲水，岭表抒情梦弄潮"，船尾对联"丝路涛声长荡漾，画船粤韵更悠扬"，寓意海上丝路、海洋文化，体现岭南人开放、进取、拼搏的精神。

在旱舫的身后，是潮汕文化景墙，其中一面是用了几百只岭南沿海特有的蚝壳制作而成的蚝壳墙，配以潮汕建筑特色山墙、漏窗、福字窗、渔网、竹箩等（图12）。

图11

（七）泮塘荷风（曲桥+荷花池）

游客伴着一池荷花通过曲桥，一边夏日荷风秀色、柳杉青松，一边万绿丘池拥翠、碧波荡漾。曲桥刻有"泮塘五秀"——莲藕、马蹄、菱角、茭笋、慈姑的浮雕，隐喻粤菜讲究"五滋六味"的文化。曲桥上纵观全园，景色优美。

图12

楼中挂广绣画、设梳妆台椅。塑石山题"云根毓秀"，加上石上飞榕，寓意故乡之水由云根飞泻，孕育一池秀丽风光（图13）。

（九）虹云飞韵（桥亭）

虹云桥亭如蜻蜓点水，两岸荔枝红，登上桥亭凝望岭南园内外水景，背景音乐是童谣"点虫虫"。水边种植荔枝、龙眼、蒲桃、石榴、阳桃等岭南佳果，果实丰美，桥亭婉约，一派岭南水乡自在的生活画面。桥亭一边横匾题"织绿"，对联"柳岸花桥红雨乱，烟波水镜紫荷开"，另一边横匾题"临风"，对联"碧荔依亭观鸟语，红荷映日听鱼游"。难怪宋代大诗人苏东坡有云：日啖荔枝三百颗，不辞长作岭南人（图14）。

（十）秋水龙吟（山石叠水）

一道两级山石叠水，使庭院区的水庭之水如秋水龙吟之势泻入万绿湖。塑石拦水坝结合石汀步，兼顾了蓄水和沟通两岸的作用，并提供了全园的繁简两种游线。山石叠水的一边是百花盛开的山坡上的对歌台，体现客家山歌文化，亦可登台观景；另一边是亲水而建的沅风台，可饱览湖山风光。

岭南文化是"咸淡水交融的文化"。咸，代表海洋，淡，则指珠江，珠江与海洋在这里交汇，既是江，也是海，既有淡水，也有咸水。这种交融文化的特征决定了岭南文化既是传统的，又是开放的，既是本土的，也是兼收并蓄的（图15）。

五、岭南园的创新点

（一）以童谣为主题理念

不同于传统的岭南庭园大多数以山水风光、园主情感为主题理念，岭南园以童谣、粤曲、粤语歌为提炼依据。打造"岭南谣、故乡情"的岭南园十景。其中，"九曜春晓"主入口区用童谣"落雨大"带出一份岭南街坊生活的情意。"月照名堂"广府民居式的大门连同前庭采用童谣"月光光"的声景，带出一份岭南人家的情意，体现兼容、亲和的岭南精神。"南国红豆"体现广东戏剧人文情怀。展期的水榭中将表演广府粤剧、客家汉剧、潮汕潮剧的经典曲声。"雨打芭蕉"用荫棚打造岭南特色植物景观，取雨打芭蕉落闲庭的意境。"粤韵风华"用粤语流行曲"珠玑路晨光"声声入耳，着着船厅的每一处摆布，到处都表现出岭南人的生活细节和务实精神。"渔歌晚唱"用"龙舟歌"的祝福、艇仔

（八）妆台绮绣（小姐楼＋假山飞瀑）

用粤语流行曲"西关小姐"带出一段西关小姐和东山少爷的岭南爱情故事。小姐楼造型窈窕，建筑形式参考岭南四大名园——可园的可楼，结合狮子上楼台的塑石假山、飞瀑设计。楼高四层，一层架空，塑山洞水帘；登假山至二层，转木梯至三层，楼中妆台绮绣；登四层为台阁，近览全园，远借西山，并与永定塔遥相呼应。小姐楼横匾"涵香"、"蕴玉"，

图 13　妆台绮绣
图 14　虹云飞韵
图 15　秋水龙吟

粥的味道、水边的旱舫象征岭南水上人家的写意生活。"虹云飞韵"红云桥亭如蜻蜓点水,两岸荔枝红,伴随童谣"点虫虫",取岭南水乡生活之意。传统的大立菊造景,游人伴着童谣"凼凼转,菊花圆",闲庭信步其间。

(二)融汇多样的风格形式

岭南园的设计风格和文化内涵融合广府文化、潮汕文化和客家文化,突破了传统岭南园林仅体现其中一种风格和文化的单一模式。同时包容不同时期的造园手段,把明代的羊城八景药洲水石园、清代的清砖瓖耳墙广府民居和私家庭园、近代的琉璃花樽西式花窗的中西方造园元素、现代的新材料新工艺新布局手法相互融合,使岭南园更注重公共开放、空间实用及园宅一体,传承文化,与时俱进,体现岭南造园兼容、进取、务实、创新的精神。

(三)新的材料和造景手法

在岭南园中,运用岭南植物和北方植物的搭配造景,形成独特的岭南园林。综合考虑岭南园林特点及北方气候特征的基础,将北方植物作为全园绿化骨架,在重点区域集中运用岭南花木,营造岭南植物景观,特别是荫棚内溪涧、绿岛、板桥,广植芭蕉、棕榈、杪椤、观赏姜、兰花以及各种南方观叶植物,加上喷雾效果,给游客身临南方的感觉。主入口前景以南方的棕榈科植物为主,如银海枣、狐尾椰子、国王椰子、布迪椰子、鱼尾葵、皇后葵、蒲葵等,背景植物是北方的元宝枫、馒头柳、油松、国槐、旱园竹、望春玉兰等。虽然展期短暂,但用南北方植物搭配造景的形式来实现在北方展示南方植物是一种创新尝试。

同时园中还反季节栽植了岭南佳果——荔枝、龙眼、阳桃、木瓜、香蕉、蒲桃、人心果、四季橘、番石榴、香园柚等,以及大立菊、岭南盆景。

(四)布局与工艺追求节能环保

竖向设计通过挖湖堆山形成山水环抱的地形,同时运用北面较高的地形和桥亭、大门、小姐楼等建筑作为阻隔北风的屏障,确保展区景观视线通透,同时形成宜人舒适的小气候环境。

园林理水运用雨水收集利用的概念,全园地形收集的雨水和泉池的叠水排入入口处扩大成池塘的雨水花园,经过湿地的生物净化后,再利用为水景水源和植物灌溉。水池结构大部分采用软底构造,减少硬质驳岸和硬化池底。

园林建筑保持岭南风格,注重低碳环保、通风透气、自然采光。建筑立面运用青砖切片贴面替代传统的整块砖砌筑,运用斩假石代替传统的整条花岗岩。小姐楼和假山结合,运用狮子上楼台的手法,假山一楼架空,运用假山登上小姐楼,空间层次丰富同时节省楼梯空间。

真假结合的材料应用,变废为宝,务实是岭南人造园的态度。置石假山大量使用塑石工艺,用钢网、水泥代替真石造景,保护自然生态环境。

六、小结

岭南园是中国(北京)国际园林博览会传统园林展区的重要组成部分,它代表广东省和岭南园林。营建过程从一开始就得到广东省政府的重视和支持,由珠江三角洲9市共同出资建设,省住房和城乡建设厅负责相关筹备工作,并成立专家小组全程指导设计和施工。我院通过方案评选成为设计单位,设计院在前期通过现场探勘、方案比选、模型推敲、专家讨论确定方案,在施工过程中多次赴现场并驻场指导施工,参与南方和北方植物选苗和种植、楹联牌匾题刻、选景石英石黄蜡石、塑石假山模型制作和现场垒砌、冬季施工,荫棚植物造景、布展工作等。2013年5月建成的岭南园凝聚了专家、设计、施工、监理等多方面的力量,本文旨在通过岭南园的设计介绍,达到交流学习岭南园林的目的。

项目组成员名单

项目主持人:陶晓辉
项目负责人:梁曦亮
项目参加人:陶晓辉 吕 晖 李 青 梁曦亮
　　　　　　林兆涛 林敏仪 刘 勇 金海湘
　　　　　　曾振宇 吴梅生 许唯智 文冬冬
　　　　　　李龙记 徐牧野 杨梦琦 黎俊杰
　　　　　　王一江

第四届广西（北海）园林园艺博览会

深圳市林北苑景观及建筑规划设计院有限公司／宁旨文　池慧敏　王宇康　赵植锌

一、项目概况

项目位于广西壮族自治区北海市，园博园规划场地分布于南珠大道东西两侧，总面积约 2.98 km²，处于北海城市中心区域，交通条件优越，距离火车站、汽车站及机场均较近，同时作为北海未来城市绿心的重要组成部分，成为北海重要的公共绿色开放空间。

园博园包括一主两副 3 个部分，总面积约 2.98 km²（其中主园区 0.76 km²，副园区 2.22 km²）。

二、总体定位

展会期间，园博园的总体定位——促进北海对外开放，丰富历史文化名城内涵，彰显北海"生态宜居城市"魅力，助推北海开发建设新高潮的大型园林园艺博览会。

会展后，园博园的总体定位——以园博会址、园艺博览、风情体验和生态游乐为基础，以复合型游憩模式为依托，通过经营模式和结构的创新，把园博园建设成为：园艺博览、生态游乐、民俗体验及特色产业基地相结合的园博生态旅游综合区。

三、规划愿景

重在突出北海市城市发展特点与海洋特色，以"花海丝路、绿映珠城"为主题，充分尊重和利用原有地形和水面，以水系及关联的其他自然要素作为主要景观元素，通过结合展区的功能等特点，合理地进行布局，营造兼具地域文化内涵和时代精神气息的园林景观，使市民产生文化和情感上的认同，从而为北海市人民提供一个高水准的休闲环境，成为北海新的旅游名片。

四、规划理念及结构

方案以几何式园林布局，形成"一轴三环"的规划结构。由主轴串联的三大空间环体现恢宏大气的城市园林气质，以极具视觉冲击力的空间结构寓意北海从汉代海上丝绸之路到近代通商的中西文化交汇再到现代改革开放大发展的时代特色。展示了北海对外 3 次开放的城市形象与文化内涵以及对未来生态文明的憧憬。

同时，由北面 3 个次入口引出的 3 条次轴形成层层递进的关系，寓意着北海的三年跨越发展工程，3 条次轴如激起的千层浪，一层一层的海浪似北海发展前进的步伐（图 1、图 2）。

五、特色与亮点

根据"体现特色、办出水平"的指示，本届园博会应充分体现北海特色，越是北海的，越是广西的！

（一）布局特色

"珠链"式格局由一条主轴线贯穿将广场、花园、展园、水系等环形汇聚，犹如一串串南珠项链，形成风格强烈的空间布局，简洁清晰的环形围合方式有利于不同主题功能区的定位及后续利用。集中水面环绕陆地，分支水面穿插入园，恍如衬托珠链的蓝色海洋。

（二）时代特色

主入口"铜凤迎宾"—"北海印象"—"盛世领航"—"欢乐水岸"形成的主题空间反映了北海历次发展开放的时代印记。

主入口的"铜凤迎宾"以极具北海汉代文化特

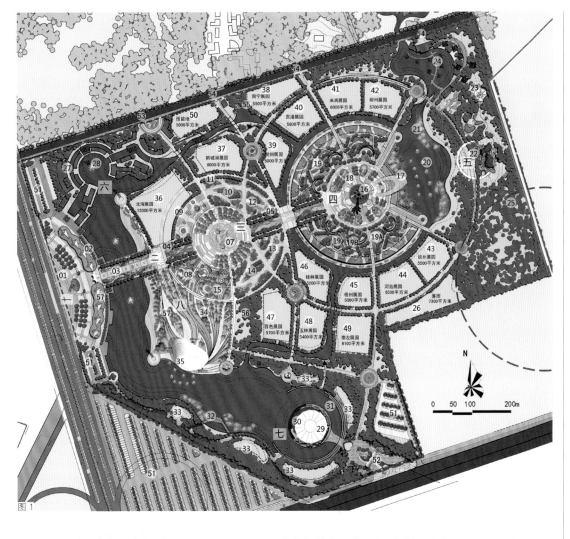

图1

图2

征的铜凤灯为造型形成大门形象标志，其独特汉风景观体现了北海作为"海上丝绸之路"始发港的辉煌历史（图3、图4）；沿主轴往东步入第二个主题场空间"北海印象"，通过现代风格和传统特色相结合的景观设计，向人们展示出"蓝色星球上的生态北海，海丝之路起航的文化名城"（图5、图6）；

第三个主题空间"盛世领航"，以极具视觉冲击力的船型建筑，唱响拼搏进取的现代开放新乐章；隔水相望的主轴线末端"欢乐水岸"以花地彩林景观标志着北海未来生态文明建设与发展方向，并将在后期建设成为休闲娱乐园区。

图1 园博园总平面图
图2 园博园鸟瞰效果图

图3

图4

图5

图6

（三）滨海特色

水是园区的灵魂，是体现北海作为滨海城市不可或缺的景观元素。通过集中水面与分支水面的有机布置，为游客提供观水、游水、亲水、戏水的特色空间。进入园区主入口，扑面而来的是浓郁的海滨风情带。棕榈树、人造沙滩、海洋动物绿色雕塑、礁石、灯塔等海洋元素带领游客漫步于海滨沙滩的气氛之中。沿水设有风情水街、花港渔湾等渔家风

情商业设施，可游可憩体验海滨民风民俗。

（四）游线特色

全园水陆游线相结合，为游客提供了丰富多样的游览体验。游客可沿"花海丝路"景观大道赏花留影，登观景塔或摩天轮极目远眺，穿水下廊道观看水中趣景，又或泛舟湖面欣赏两岸园景。

（五）建筑特色

园内建筑大体分为两大类，花港渔湾、盛世领航为生态覆土建筑，其外形结合起伏地形寓意绿色海浪；其他园内建筑，采用融入当地民居特色的现代简约建筑风格。

（六）园艺特色

沿主轴线布置罗汉松等北海特色植物展示廊，在大片花海衬托下彰显"花海丝路"主题；食肉植物花园、垂直花园、环保植物花园等主题趣味花园沿两大广场环形布置，让游客流连忘返于其中。

六、功能分区

主园区规划十大功能区域，分别为主入口服务区、次入口服务区、活力水滨休闲娱乐区、滨海风情带、主场馆区、中央休闲区、水上表演区、生态游乐区、湿地体验区及展园区。

（一）主入口服务区

位于主园区西侧，对接南珠大道，是主园区总体轴线上的起点，讲述北海在三次开发中首次开发时的总体文化形象，展示北海古代海上丝绸之路的文化底蕴。服务区北侧设有生态停车场，可以对旅游大巴及小车进行集中管理。主入口处以大型广场铺装为主，便于入口处的人流集散和游客休憩，入口处的林荫广场方便游客等候休息及电瓶车的停靠使用。考虑到在展会期间人流及车流量骤增，在主入口的西侧，及南珠大道西侧设有临时性的停车场，但展后将不予保留。

（二）次入口服务区

位于主园区南侧，对接银滩大道，总体以一条曲线花带为主轴，展现花海丝路的主题特色，轴线末端引向天天演艺岛片区，次入口广场局部设有相关小卖、餐饮、厕所等功能性服务建筑。次入口北侧设有永久性的停车场，在满足展会期间交通设施需要的同时，也充分考虑展后转型及后续利用等。

（三）活力水滨休闲娱乐区

园水系环绕，集中水面分布于主园区西部，是全园构图及公共园林的核心所在。南侧岸线生态自然，南入口轴线末端，水上设天天演艺岛，岛中规划大型观演及服务建筑，对景主场馆（图7）。同时在水岸构建花港渔湾风情街，覆土建筑随地形起伏，为展后经营提供了良好的自然环境和商业氛围。北侧岸线结合水上街市，打造尺度宜人的滨水商业空间，展会期间建成少量服务建筑满足展会需求，展后经招商引资，将多数商业建筑建成，以提升园区整体景观效果，推动园区后续发展高潮。

（四）滨海风情带

位于主水面东侧，以人工沙滩为主，沙滩上仿造涠洲岛上的火山岩纹路特色，突出展现了北海特有的滨海地域特色，另在北侧和南侧的尽端各设一灯塔，引导着北海的繁荣稳定发展之路（图8）。

（五）主场馆区

广场采用流畅、简约的曲线设计，加强对该区人流的引导，有利于形成安全、有活力的公共空间，同时结合线性设计形成部分林荫休闲绿地，既提高了环境舒适度，同时也为展后举办"天天演"等大型公共活动提供有利的场所（图9）。

（六）中央休闲区

位于"盛世领航"的中央广场，中央抬高生成逐级跌水的主体水面，中央高点设有主标志物，统领整个区域，也展示着北海现有的时代特色，可进行大型节日庆典表演等活动。围绕主标志物的环形区域，利用设计的环状地形自由灵活地布置了一组掩体建筑，用于商业餐饮娱乐等服务作用，整体地形上，以自由飘逸的各色花带展现北海花海丝路的新思路、新气象，展会结束后每一组团都可设立一主题文化，开发经营，以营造北海最具活力的休闲娱乐区。

（七）水上表演区

位于主标志物东向，通过主题音乐喷泉和中心喷泉的组合，打造美轮美奂的水上表演。

（八）生态游乐区

位于主轴线的尽端，展会期间，以自然山林、宏伟绚丽的花坡作为全园的生态背景，同时可安排临时特色展示、互动展示以及园林科普教育内容，丰富园区活动类型。展后通过招商引资的方式建成

图7

图8

图9

生态型游乐基地，维持园区后续经营，填补北海大型游乐设施的空缺。

（九）湿地体验区

位于主园区东北角，对接园区补水管道，采取人工湿地及物理化学措施净化水质，将引水先流入人工湿地，经湿地处理后达到IV级水质以上后，再流入园博园主园区水体。

（十）展园区

主要分列于主环线上及重要功能区域，包含14个城市展园、特色园林园艺展园及廉园。各展园水陆相连，用园林绿化和地形来分隔相邻两个展园，互不干扰（图10）。

七、种植设计

花气百和，绿意芳菲——园艺化、百样花卉演

图3 主入口广场的铜凤迎宾雕塑及风帆建筑
图4 主入口风帆建筑夜景，与水面交相呼应
图5 极具北海老街建筑风格特色的牌楼
图6 "欢乐花伞"构筑物，鲜亮的色彩为园区带来了活力
图7 天天演艺岛建筑与音乐喷泉交相呼应
图8 极具滨海特色的风情沙滩，体现浓厚的滨海文化
图9 主场馆及音乐喷泉夜景，吸引大量游客夜间观赏

图 10

图 10 特色展园

绎千种逸趣风情。

采百花筑鲜花大道，撷菁地方植物风采，通过丰茂的植物与生态设计手法营造不同植物特色的主题分区，展示一个朝气蓬勃、趣味横生的园艺花园。

八、园区建筑设计范围划分及定位

园区建筑主要为北海园博园相应服务建筑，为展示广西各地的民族文化、园林建筑精华和园林园艺最新成果，将建筑设计区域分为"主场馆""盛世领航"、"风情水街"、"花港渔湾"、"主入口服务建筑群"、"次入口服务建筑群"6个部分，共计用地面积 25362 m²，总建筑面积约 39239 m²，其中"风情水街"及"花港渔湾"，展时建设少量建筑用于园区配套服务，展后采用招商引资的办法，建设特色风情商业，满足后续运营需求。

九、结语

通过北海园博园的设计进一步促进北海对外开放，进一步丰富北海历史文化名城的内涵，彰显北海"生态宜居城市"的魅力，为北海市人民提供一个高水准的休闲环境，成为北海新的旅游名片。

项目主持设计单位：深圳市北林苑景观及建筑规划设计院有限公司
项目合作设计单位：PLASMA STUDIO LIMITED （普玛建筑设计事务所）
中国市政工程东北设计研究总院
项目主持人：何　昉
项目负责人：宁旨文　夏　媛　Eva Castro　叶　枫
项目主要参加人：池慧敏　王招林　张　明　梁仕然
　　　　　　　　章锡龙　胡　炜　吴瑱玥
　　　　　　　　Holger Kehne　Tyler Jon Austin
　　　　　　　　王　川　崔　壮　刘子其　王志光
　　　　　　　　全锦大　李　远　庄　荣　周西显
　　　　　　　　高　岩　黄任之　肖洁舒　徐　艳
　　　　　　　　李　勇　方拥生　杨政华　李　辉
　　　　　　　　殷黎黎　周　璇　王宇康　王志雄
　　　　　　　　谌杰林　赵植锌　拓学基　张　君
　　　　　　　　陈　蕾　朱鹏珲　王子乐　毕文龙
　　　　　　　　李　东　郑运辉　夏儒波　沈子明
　　　　　　　　孟建华　侯灵梅　周亿勋　陶少军
　　　　　　　　王德敬　冯立喆　刘　柳　刘丽波

第八届江苏园艺博览会博览园的创新与实践

江苏省城市规划设计研究院风景园林与旅游规划设计分院／刘小钊

2013 年第八届江苏省园艺博览会的主题为"水韵·芳洲·新园林——让园林艺术扮靓生活"。该届园博会博览园选址于长江之中的岛城——扬中。

在全球化和快速城市化的背景下，在反思生境恶化、文化趋同、特色消失等问题的基础上，结合举办地城市特色和基地特征，积极探索生态造园、文化造园等新理念、新模式，营造具有创新和引领、示范意义的园博新空间，是本届园博会博览园规划设计所追求的目标。

（1）在建园模式上，将园博园选址、规划、建设与城市发展诉求充分结合，并与后续土地利用、旅游开发及百姓生活充分对接，让园林、园艺进一步贴近群众生活，体现让园林艺术扮靓生活、服务普通百姓的宗旨与方向。

（2）在整体特色上，利用扬中市作为"水上花园城市"的优势、基地滨江傍水的特点以及江堤场地高差大等特征，重点打造"水上园博"、"湿地园博"、"立体园博"三大生态型景观。

（3）在景观创意上，以扬中地域文化为构思之源，利用生态造园理念和文化造园艺术，衍生形成"沙与水的神话"、"沙与洲的传说"、"扬子江的交响"等十大主题景观空间，并引导各参展园围绕所属片区的景观主题进行建设，以此构筑风格统一并富深刻文化内涵的景观体系，力求解决整体性不强、景观易凌乱等一直难以解决的棘手问题。

（4）在造园手法上，以"生长"式布区、"溶解"式布园、"内涵"式串景以及"融合"式引导等手段形成明晰的功能性空间和景观性空间。并巧妙地利用临长江的优势条件，突破场地在面积、形态、防洪、排涝、风载、高差、地基承载力等方面的限制。

（5）秉承绿色、低碳、生态、环保的总体定位，以尊重场地特征为基点，重视原生湿地片段的保留利用与生态型景观营建，功能性建筑倡导生态技术与绿色环保材料的应用。展园设计重视融入生态、节能、环保等绿色科技，引导展园在"四新"（新工艺、新技术、新材料、新品种）应用上起到示范、引领。突出绿化特征，各类场地在满足功能前提下尽量减少硬质铺地面积，倡导道路、广场多使用透水性材料和其他环保材料。

（6）种植上强调植物多样性建设和节约型绿地建设，大量应用湿生植物、自繁衍草花、观赏草、岩生及沙生植物等管养维护要求较低的绿化材料。本届园博园面积不大，仅 60 余公顷，但汇聚了500 多个品种、10 万多株植物，为历届园博中栽植植物种类之最多。尝试新型生态绿墙、绿雕、容器苗等绿化快速成景技术。

结论：

第八届江苏省园艺博览会博览园规划设计，将园林园艺展示与滨江地域文化有机结合，通过理念与模式创新、整体景观体系构建与特色创意、展园内容创新与引导、临江造园技术与方法探索、生态策略与绿色科技应用等规划设计及实践，重点营造生态型、文化型、节约型、科技型城市园林与湿地景观，打造了一座示范性、先进性、观赏性相结合并具有鲜明地域特色的新园林（规划图及实景照片见图 1～图 19）。

从结果上看，本届园博会充分借鉴往届园博会筹办经验和国内外园博会成功做法，在创新办会理念、优化展园设计、运用先进技术、贴近群众生活等方面均进行了一系列探索和尝试，达到了江苏省政府"一届比一届好"的要求，也为扬中市民留下了一个高水平、永久性的城市公园。2013 年 9 月27 日开幕至 2013 年 10 月 26 日闭幕，一个月期间，园博园共接待游客 160 万人次，创下历届新高。

图 1

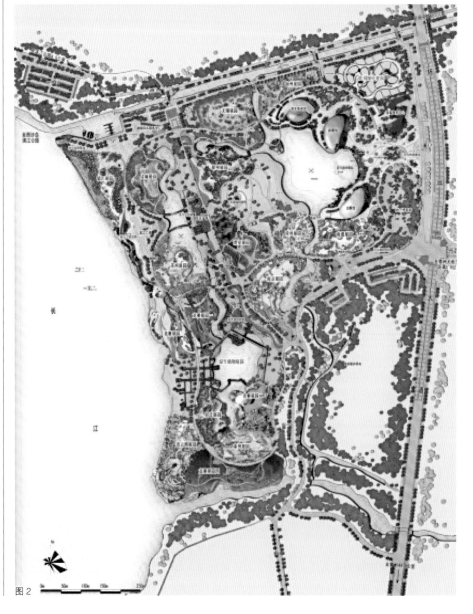

图 2

图3

图4

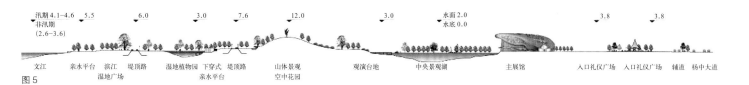

汛期4.1~4.6	5.5		6.0		3.0		7.6		12.0			3.0		水面2.0				3.8		3.8
非汛期 (2.6~3.6)														水底0.0						

文江　　　亲水平台　滨江　堤顶路　　湿地植物园　下穿式　堤顶路　　山体景观　　　观演台地　　中央景观湖　　　　　主展馆　　　　　入口礼仪广场　入口礼仪广场　辅道　杨中大道
　　　　　　　　湿地广场　　　　　　　　　　亲水平台　　空中花园

图5

图6

图7

图8

图9

图10

图11

图 12

图 13

图 14

图 15

图 16

图 17

图 18

图 19

项目组成员名单

项目审核人：吴 弋

项目负责人：刘小钊

项目参加人：陶 亮 夏 臻 张鑫磊 胡 刚
　　　　　　徐 希 王 华 吴 娜

新型城镇化背景下的生态景观设计探讨

——以琉璃河遗址湿地公园为例

中外园林建设有限公司 / 孟　欣　郭　明　孟维康

一、新型城镇化概念与北京湿地现状

（一）新型城镇化概念及进程

　　根据十八大报告精神，城市建设水平是城市生命力所在，而城市建设要依托现有山水脉络等的独特风光，让城市融入大自然，让居民"望得见山、看得见水、记得住乡愁"。"新型城镇化"就是由过去片面注重追求城市规模的扩大、空间的扩张，改变为以提升城市的文化、公共服务等内涵为中心，使我们的城市变成适合人类居住的场所，而不是成为高楼大厦的聚集地。

　　李克强总理提出，要推进以人为核心的新型城镇化。未来还要三四亿人进城，为城市带来文明和财富的同时，也会给城市的环境容量带来更多的压力。近两年出现的雾霾问题，只是城市生态环境恶化的刚刚开始。

（二）北京湿地现状

　　随着城镇化的推进以及旧村改造和新型农村社区建设步伐的加快，外来人口逐渐向新城和小城镇扩散。根据 2014 年数据资料，北京城镇化率达86.2%，居全国第二位，同时中国城镇化质量排名中，北京也居全国第二。北京新型城镇化的快速进程将对首都的生态环境提出更高的要求，但同时也将提供更多的发展机遇。

　　20 世纪 50 年代至今，北京的湿地总面积减少2000 多平方公里，占北京市总面积比例从 15.28%下降到 3.13%。现在，湿地已经成为北京的稀缺资源。自 2013 年 5 月 1 日起，北京市实行了最严格的湿地保护管理制度——《北京市湿地保护条例》。根据《北京市湿地公园发展规划（2011～2020 年）》，到 2015 年规划建设 15 处湿地公园。

　　另外，自 2011 年开始，五年内北京市推进了平原造林项目近百万亩，造林的同时最大程度地还原本市的湿地生态，仅 2014 年一年就培育了 2.5 万亩湿地森林，为京城增添强劲"绿肺"。

二、新型城镇化下的景观格局理论

　　根据分析我国现阶段城镇化发展状况与矛盾，结合实践工作，我们提出了"生命、生态、生活、生产"景观格局理论。即在小城镇建设中，改变消极的划分区域或者消极的保护自然的模式，以风景园林的规划设计为主导，使城市建设的安全诉求、环保诉求、美学诉求和发展诉求四者达到平衡，协调城市与生态，寻求城市发展，实现城市的生命安全、生态安定、生活安逸和生产安心的四大要求。

（一）生命格局

　　人居环境的规划设计首先以保障人的生命安全为基础。可活动区域的选定、各种灾害的防范，都应该是风景园林设计首要考虑的因素。

（二）生态格局

　　小城镇处于城市环境和自然环境之间，可以理解为生态学中所讲的"边缘区"，生态环境脆弱，因此，保护生态环境、保障生态安全是区域建设发展的基础和重点。公园绿地应当作为城市的一项重要基础设施，并与水利、电力等其他各项基础设施相结合，在保障安全方面发挥更大的作用。

　　对于特定区域的开发建设，不仅要让自然融入城市，同时也要让城市的扩张融入周边的自然环境，将场地中的生态系统和道路系统向周边区域延伸，使之完整地融入周边环境，并与城市其他的绿色空间联系起来，使需要开发的场地与整个城市融为一体，成为一个完整的生态系统。

重视生态安全，扩大森林、湖泊、湿地等绿色生态的空间比重，增强水源涵养能力和环境容量；不断改善环境质量，减少主要污染物排放总量，控制开发强度，增强抵御和减缓自然灾害能力，提高历史文物保护水平。

（三）生活格局

在保证生态安全的基础上，对场地或者区域的设计需要考虑美学要素，但并不止于美学，对于项目的理解应当充分考虑到城市体验的丰富性，应当能包容纷繁复杂的城市生活。对于一个场地或者区域的设计，结合地域及文脉，让历史与现代生活相结合，是为市民提供一种或多种生活方式，而并非简单的美学意义。

（四）生产格局

目前，许多以传统产业为主导的工业城市或者因工业积聚而发展的片区都面临着产业转型，乡村地区则希望除传统农业外，有更多的增收途径，也希望剩余劳动力能够就地解决。那么这种基于良好生态环境而产生的产业，诸如与旅游相关的各种服务业，则是产业转型的主要方向。

综上所述，我们可以认为，在小城镇的尺度，安全诉求、环保诉求、美学诉求和发展诉求四者之间可以产生最佳的互动关系，详见表1：

各层次规划设计内容分析表　表1

	城镇体系规划	城市规划	镇规划	园林设计
安全诉求	★	★	★	★
环保诉求	★	★	★	★
美学诉求		☆	★	★☆
发展诉求	★★	★☆	★	☆

注：★代表一星，☆代表半星。

三、实践

琉璃河遗址湿地公园位于北京市房山区琉璃河镇，占地约1200 hm²，项目在京津冀一体化发展区域中属于核心位置。琉璃河镇位于北京市房山区，是北京的西南门户，自古以来是京畿要冲。如今是北京市重点发展的42个小城镇之一（图1）。

紧邻琉璃河湿地的是著名的西周燕都遗址（首批国家一级保护文物）。据考证，琉璃河遗址是西周燕国五都之初都，是名副其实的"北京之源"；琉璃河遗址的发现是北京城市历史发展上的一个重要起点，它标志着北京作为地域性的政治、文化中心的形成。根据上述理论和原则，我们从"生命、生态、生活、生产"几个方面进行分析（图2）。

（一）生命格局

1. 行洪安全

琉璃河镇镇域地势低洼，平均海拔仅为26 m，

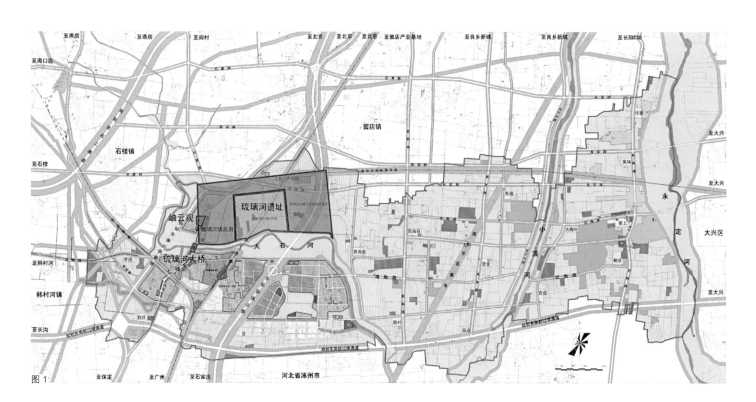

图1

为全房山区最低。历史上该地区水害频繁，多次洪水泛滥。2012年北京百年一遇的7·21暴雨，全市最大降雨地就在此处附近。本项目大部分基址位于河道行洪区，而同时公园首要功能是为人服务的，因此，人的生命安全，是整个项目设计的重中之重（图3）。

根据行洪要求，我们将湿地驳岸分为两级，二十年一遇驳岸和五年一遇驳岸。根据景观及现状需要，各级别的驳岸根据亲水性又有细化分类。

2. 居民点布局

我们充分考虑琉璃河、永定河的泄洪路线，同时考虑琉璃河遗址的保护，对此区域的居民点进行整合。出于文物保护及人民群众的安全，将遗址范围内、靠近行洪区的村民搬迁。

（二）生态格局

为确保湿地生态涵养、恢复功能的发挥，修复、再造、提升和优化琉璃河的自然生态环境，使湿地保护和修复工作具有可操作性和侧重性，根据地域的景观特征及其在流域生态保育中应承担的作用，把湿地公园划分为核心生态保护区、生态缓冲区、科普适度参与区三大区。核心生态保护区主要指上游河床核心区域，科普适度参与区位于中游河堤两侧，其他区域为生态缓冲区。

1. 植被修复

项目范围内大部分植被良好，但受用地性质限制，植被品种有农业化、单一化的特点。我们结合水利及国土部门的要求，在堤岸以上部分，模拟自然生境结构，建立丰富的、复合的、多层次的自然植被群落。布置多种类型的风景林景观、草地灌丛景观；在堤岸以下部分，建立水生与沼泽地植物景观、花卉景观等丰富的湿地植被体系，形成适合动物及微生物生长、繁殖的生境，为其提供多样的生存空间。

2. 排洪蓄洪

房山区年降雨量相差较大，雨季旱季分明，且雨季降雨又常以大暴雨为主，有历时短、雨量大的特点。针对这一情况，我们希望增加绿地的蓄洪能力，在降雨时能够蓄留一部分雨水，减少市政排水的压力；同时雨水的下渗也能成为对地下水的补充，增加土壤含水量，减少灌溉用水。

我们在堤内河床区，在上游设置湿地净化及涵养区域，对中水水源进行逐层生态净化。这片湿地还将拥有高超的"自疗"能力。通过修复与重建生态系统，可以发挥水体生态自净能力，能够让沉水植物保持四季常绿，并形成完整的水域生态景观。

图2

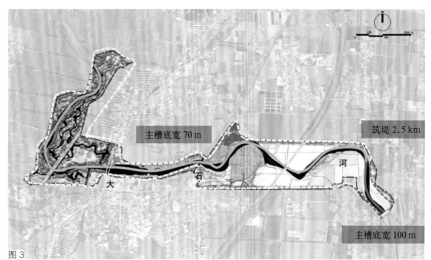
图3

3. 雨水利用

本次的设计中，梳理现状河床，模拟生态环境，设置蓄水池、生物滞留池等，将雨水进行收集，通过物理、化学、生物等技术，将收集的雨水进行净化处理，再作为景观用水，形成良性的水循环系统，同时大大节约建设成本。

我们在堤上大面积的绿地中，局部设置下注绿地；结合耐旱又耐水湿的植物，设计为雨水花园，即丰富了绿地景观，在大雨时也可蓄积一部分雨水。

（三）生活格局

1. 文化湿地公园

文化湿地公园以燕都文化为灵魂，以琉璃河生态为依托，将遗址与湿地整体考虑，构建大燕都遗址湿地公园，以期再现三千年前燕都景观风貌。

从《诗经》中筛取燕周时期的自然植物材料，为植物景区赋以文化的内涵，重现诗经中描述的美好的景观意境，与燕都遗址相得益彰，形成琉璃河独有的植物文化。

2. 燕都大遗址公园

以遗址保护为核心，结合现状平原造林景观，

图1 琉璃河镇中心区规划图
图2 琉璃河遗址湿地公园规划平面图
图3 琉璃河水利规划平面图

图 4

图 5

打造独具特色的遗址公园文化休闲景观。并对区域内原有的平原造林进行总体的提升与完善。以"田"、"城"、"囿"为总格局，展示千年燕都文化。

3. 城市绿道

将遗址湿地公园纳入北京市级绿道体系，在长约10km的城市绿道中，我们以植被覆盖为基础，同时加入了丰富的休憩活动场地和设施。既有水上游览专线，也有自行车骑行路线。

（四）生产格局

1. 绿色转型，多方共赢

琉璃河湿地公园与燕都遗址、北京农业生态谷联动发展，实现遗址保护与开发、绿色产业创新与生态休闲旅游的多方共赢。

2. 农业

农业仍是该区域的基础产业，同时将农田也纳入风景中成为特色元素。

3. 旅游业

以遗址公园为中心打造旅游核心区，辅以湿地公园、滨河商业带、水泥博物馆、农业生态谷、地产开发等旅游配套，形成多功能旅游目的地。经过对整体环境的提升和旅游功能的开发，农家乐经营等项目都会逐渐产生更多的经济效益。

4. 工业

琉璃河南侧有个历史悠久的水泥厂，在保卫首都环境，生态优先发展的背景下，水泥厂转型改造势在必行，通过政策支持将水泥厂转型为生态文化创意产业。

5. 科普教育和拓展培训

将本区域打造为融合湿地文化、燕都文化、农耕文化为一体的展示和示范基地。

四、结论

本项目围绕新型城镇化进行生态景观设计，形成新常态、新生态的景观大格局。不难看出，琉璃河遗址湿地公园项目在琉璃河镇的新型城镇化建设中起到了重要的作用。通过对生态的修复和城市的建设，充分展现了人们对于美好生活的渴望，与此同时也将带动当地经济的发展，推动北京市"国家文化中心"建设，让新型的城镇天更蓝、水更绿。

图 4 琉璃河文化湿地公园效果图
图 5 燕都大遗址公园局部效果图

徐州市三环北路防灾公园方案设计

中国城市建设研究院 / 杨 乐 白伟岚

一、项目概况

本项目为徐州市首个中心级防灾公园建设项目，位于徐州市三环北路南侧、丁万河两岸。北岸平均宽度125 m，南岸平均宽度100 m，长约950 m，总面积约20.01 hm² (图1)。

丁万河在之前的数十年间一直以小规模的航运为主要功能，尤其以运煤为主业，近年来停止了航运，转为南水北调东线工程中的一段。

现状用地以农田、果园以及林地为主，北岸有部分苗圃。河道两岸均以自然驳岸为主，坡度在1：2.5至1：3之间，局部较陡。北岸中部煤运码头为人工硬质驳岸，其驳岸距水面高度约3.5 m。

通过对现场的实地调查与分析，将场地内景观特质分为以下三类：具保留价值的景观、具利用价值的景观、需改造变化的景观。

具保留价值的景观：东西两侧临河道现状杨树林，长势较好，形成郁闭的林地景观效果，以保留为主，局部可适当间伐，并种植灌木及地被植物，丰富群落结构。具利用价值的景观：现状沿河道间隔设有泵站，河道西端有现状混凝土桥一座，形成独特的河道景观风貌，为设计提供了很好的景观元素，可在此基础上进行必要的景观美化提升。

需改造变化的景观：现状河道北侧中部的煤运码头，其对于河道的生态效益和景观效果都有较大影响，可通过合理设计，对现状空间进行改造，创造出怡人的活动空间，同时可抽取部分场景特质作为景观元素在新的公园中予以表现，唤起居民的场所记忆。

图1

二、总体设计

（一）项目性质及定位

徐州市首个以防灾减灾教育为主题，满足区域

图1 项目区位图

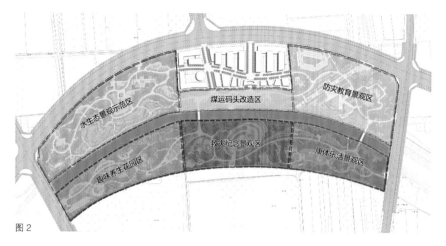

图2

图3

图4

图5

居民休闲游憩活动需求，改善城市生态环境，灾时能够发挥防灾避险作用的区域综合性公园。在城市应急避灾体系中承担中心避难场所的职能。

（二）设计原则

(1) 景观科教，功能并重。
(2) 以人为本，平灾结合。
(3) 雨水利用，生态滞洪。
(4) 延续文脉，记忆乡情。

（三）设计立意

设计从徐州市树——银杏得到启发，其叶如心、树龄千年，为健康长寿、幸福吉祥的象征，与本公园的主旨——防灾减灾、幸福平安不谋而合。此外本场地又是具有明显景观特质的滨水型公园，徐州又是河运之城，自古人与水紧密相连。因此，方案以"平安银杏，人水相依"为设计主题。灾时公园将发挥作为中心级避难场所的功能要求，而平时又是一座林木丰茂、环境优美，兼备防灾减灾教育与生态科普示范功能的现代滨水公园。

（四）总体布局

公园整体景观结构为"两轴一带，一心多点"。
两轴：平安景观轴，生态景观轴；
一带：丁万河沿河景观游憩带；
一心：中心广场及主题雕塑；
多点：多个景观以及建筑节点。
整体功能与景观分区为：防灾教育景观区、救灾纪念景观区、煤运码头改造区、水生态景观示范区、趣味养生花园区以及康体乐活景观区共6大片区（图2、图3）。

1. 防灾教育景观区

本区位于丁万河北岸，规划商业用地东侧。是公园的主入口区以及防灾减灾教育与演练区（图4、图5）。

主入口广场布置简洁，中间为花岗岩题字景石，上刻公园名称。两侧设置太阳能构筑物小品，满足在此短暂停留驻足的游人休憩的需求，其顶部为太阳能硅晶板，将太阳能转换成电能，平日满足自身景观照明要求，灾时可作为应急照明。

防灾教育景观道宽12 m，中间设置4 m宽的绿化带，在绿化带中布置一系列的防灾教育景墙以及部分小品。景墙高度为2.4 m，其形式有浮雕、镂空以及宣传橱窗等，配合情景小品向游人传达防灾自救的知识。其端点为一座滨水的观景平台。

防灾教育景观道东南侧与演练广场相接，广场西侧布置两层的公园管理中心，灾时将作为应急指挥的主中心。

2. 救灾纪念景观区

与商业用地隔河相望，是全园最中心的位置。本区主要体现军民众志成城，一起抗击各种自然灾害时的团结的力量与高尚的情怀。

本区主要景观节点为平安广场。广场整体为椭圆形，其长轴与防灾教育景观道轴线相一致。广场的中心焦点为光能平安树雕塑，该雕塑由3座高低不一的树形雕塑组成，整体为钢结构，最高处约16 m。雕塑的造型源自徐州市树——象征平安幸福的银杏树。雕塑的"叶片"采用太阳能硅晶板，可转化光能，储存于雕塑底部，供景观照明。

广场东侧为台阶广场，第一道挡墙上设置了"军民鱼水情"为主题的浮雕景墙，反映军民共同抗击自然灾害的主题。广场在灾时将成为公园南岸最集中的应急避难场地。

3. 煤运码头改造区

本区为丁万河北岸与规划商业用地之间的长带场地。现状主要为原煤运码头的驳船区。

本区将结合规划商业用地对其进行景观改造。沿商业用地的边界设置两处较宽的入口，方便市民进入滨河广场。

改造后的滨水游憩空间将采用流线形大台阶，将原有直驳岸分成三级台地，方便游人开展亲水游憩活动，以舒缓的形式消除现状近4 m的竖向高差。台地与椭圆形绿岛交融穿插，软质与硬质景观交融互补，营造清爽宜人的空间。

4. 水生态景观示范区

本区位于丁万河北岸，规划商业用地西侧，是主要展示低影响开发、生态滞洪等景观设计新理念的区域，体现人水相依的主题。

北侧展示的是低影响开发理念与技术。根据地势布置逐级降低的种植池，每层种植池都有沟管相通。种植池内将种植具有截留与净化能力的植物，能净化公园北侧市政道路乃至北部居民区排入的雨水。通过净化后，汇入几处雨水蓄积池中，平日是水体景观，灾时可作为应急水源之一。

南侧沿丁万河所展示的是生态滞洪的理念，通过引入内溪湿地，在汛期能消纳一定量的雨洪，降低河道的行洪压力。在常水位季节，内溪不引入河水，而是一片颇具特色的下凹绿地。生态内溪湿地的建成将吸引更多的鸟类与其他生物，丰富本区的生态多样性，因此在本区中部设置了一座高约15 m的观鸟塔，其底层将作为科普教室，宣教生态科普知识。此外，在灾时，生态内溪可以处理一部分污水，可以将经过简单处理的污水排入此内溪

通过生物净化再排入丁万河中。

5. 趣味养生花园区

本区位于丁万河南岸西侧，与生态内溪相望。

该区域沿丁万河的现状杨树林地生长较好，以保留为主，适当间伐，在林间设置木栈道，木栈道穿梭林间，随地形和观赏需求而高低起伏，在保留原有林地的基础上，使游人与自然亲密接触。而滨水茶室也设置在岸边，可以观赏到对岸的景色。

岸顶的平地区为安静休闲区域，设置一系列的休闲游憩花园，分别为养生花园、芬芳花园以及亲子乐园等。养生花园以种植养生植物为主，芬芳花园一年四季都馨香弥漫。每座花园都配有宣教与解说系统，让游人在游赏时增加科普知识。

6. 康体乐活景观区

本区位于丁万河南岸，平安广场东侧。主要以林荫康体健身设施为主。

从东南侧的入口开始设置了一段塑胶慢跑道，沿跑道穿过半场篮球运动场地以及室外健身设施场地。而所有健身场地都掩映在浓浓绿荫之中，使在此健身锻炼的人们避免阳光暴晒（图6、图7）。

图6

图7

公园应急避险设施配置及功能转化表 表 1

应急避险设施	设置与数量	平时功能	备注
应急篷宿区	4 处，共 7.24 hm²	绿地、广场	细分为几十个篷宿单元
应急管理指挥设施	2 处	公园管理中心、茶室	1402.5 m²
应急通道	✓	公园主园路	/
医疗救护与卫生防疫	1 处	公园管理中心	590 m²
应急供水设施	96 处	/	每 250 人设置 1 处，由几处雨水蓄积池及应急供水管网系统组成
应急供电设施	✓	/	移动式发电机组
应急厕所	8 处	盖草绿地	每 80 人 1 个坑位
应急停机坪	1 处	开阔草坪	小型直升机起降
应急停车场	1 处	绿地	可作为车宿区
应急物资储备设施	2 处	管理中心、茶室	/
应急垃圾转运设施	3 处	园林绿色垃圾收集点	/
应急消防设施	✓	/	/
应急标识	✓	/	/

注："✓"表示有相应设施。

三、重点专项规划

（一）防灾避险规划

本公园将作为城市中心级的防灾避难用地进行布局与设施的配套。灾时绿地中原有的基础设施和管理建筑、游憩设施都可根据需要转化为应急防灾设施（表 1）。

1．救灾指挥中心

考虑区域防灾系统的整合，公园综合管理中心主楼作为灾时的指挥中心，包括应急监控和广播设施以及应急物资储备。

此外，公园南岸的滨水茶室可以转换为救灾指挥副中心以及应急物资储备设施（图 8）。

2．应急医疗设施

以公园综合管理中心的配楼在灾时转换为应急医疗中心，建筑面积约 590 m²。

3．救援及疏散通道

公园对外交通便捷，北与城市主干道——三环北路通过 3 条次级城市道路垂直顺接，南与两条次级市政路相连。公园 5 m 宽的主园路在灾时将直接转化为救援通道，公园共设 8 处主要对外疏散口，皆与救援通道相接，保障物资发放及人流疏散。

4．篷宿区

在篷宿区的布设上，除选择地势平坦、种植疏朗的区域，还要考虑雨洪因素。本园在 35 m 以上区域才设置篷宿区，高于 35 m 的区域面积有 15.81 hm²。

全园规划 4 大篷宿区以及 1 个弱势群体篷宿区，

图 8

每个篷宿区又分为若干个篷宿单元。主要沿主路分散布设，总面积约为 7.24 hm²，占可用于篷宿区的面积比例为 45.8%，可容纳长期避难人口 2.41 万人。其中篷宿一区面积 0.75 hm²，可容纳 2500 人；篷宿二区面积 1.86 hm²，可容纳 6200 人；篷宿三区面积 2.13 hm²，可容纳 7100 人；篷宿四区面积 2.02 hm²，可容纳 6700 人；弱势群体篷宿区位于平安广场，面积 0.48 hm²，可容纳 1600 人。

5. 车宿区

公园现状的两处停车场共计 132 个小型车停车位，此外设置了三处应急停车场，可以停 70 量小型车，将作为灾时的车宿区。

6. 应急停机坪

公园东部，直径 40 m 的平坦空旷的草坪设置为应急停机坪。设置了起降灯和风向标等必备设施。平日为阳光草坪，灾时转换为应急直升机停机坪。

7. 防护隔离区

公园外围布置完整的绿化隔离带，强化防火功能，同时构成灾时重要的卫生防护林带。

8. 配套防灾设施

主要是保障灾民基本生活需求，包括饮水、吃饭、应急供电、如厕、排污、垃圾收集清运等。场地内已设有 5 处公共厕所，其中位于公园主要篷宿区下风向位置的 4 处厕所周边设置了应急厕所，此外灾时还可以增加临时移动式厕所 4 处。救灾指挥中心贮备一定的瓶装饮用水和棉被、帐篷等救灾物资。应急通信和监控都可使用园区综合管理中心的管理设施。综合管理中心抗震级别需达到国家规定设计要求。应急供电设施位于综合管理建筑内。

9. 救灾演练培训区

位于公园北岸东侧，主要由综合管理中心建筑、建筑前广场以及停机坪等周边区域组成。可作为平日救灾演练培训场地。

（二）水生态科技展示规划

公园立足于现代生态科学技术，结合地形、水体、材料的设计与应用，对雨污的截留净化、收集与利用以及生态滞洪的应用进行展示，体现"人水相依"的设计主题，减轻公园对市政设施的压力并提高游人的生态环境保护意识。

规划设计有 4 类主题展示区：雨污分层截留净化示范区、生态滞洪示范区、雨水渗透利用区、雨水收集利用区。

雨污分层截留净化示范区集中分布在规划商业用地西侧，通过梯田形式的种植方式对雨水进

图9

图10

行净化。

生态滞洪示范区通过低洼的内溪湿地，在汛期能消纳一定量的雨洪，减轻河道的行洪压力（图9、图10）。

雨水渗透利用示范区包括主要广场区域，其中硬质地面采用渗水材料，雨水将尽可能渗入地下，补充地下水，并为植物生长提供水分。

雨水收集利用区将大部分植物分层净化后的雨水收集于蓄积池中，而多余部分将汇入丁万河。

四、结语

本防灾公园于 2013 年 10 月建成并开放，与同在丁万河的玉潭湖公园、两河口公园共同形成"一河三公园"的布局。公园将为徐州市民提供一处回归自然、释放自我的高品质休闲、游憩之场所，也会成为灾害发生时生命的庇护港。

图 8　救灾演练区平灾转化示意图
图 9　生态滞洪区无雨季节景象
图 10　生态滞洪区雨季景象

广东省佛山市顺德区桂畔海南岸德民路东延线滨水体育公园设计

北京市市政工程设计研究总院有限公司建筑所／陶远瑞

一、建设背景

　　随着我国经济的飞速发展，城市居民的生活水平大幅提高，人们越发重视业余时间休闲娱乐活动质量，对健康和良好的生活方式的追求，使很多城市居民开始把体育健身作为假日休闲娱乐的首选。大众体育的不断普及，体育运动逐步开始渗透到日常生活的方方面面，尤其是我国实施全民健身计划以来，群众的健身锻炼热情高涨，国家相应投资建设了许多体育健身场所，但是有些健身活动与居民日常生活产生了冲突矛盾，如广场舞，这表明体育锻炼场所还是存在不足，而且在场所选址和规模上存在一定的缺陷。在这种情况下，探讨通过体育活动与城市的滨水绿色休闲空间结合，本着生态的设计理念、灵活的布局形式，在创造丰富视觉景观的同时，提供一个兼容度高、广受欢迎的体育休闲公园，满足城市居民日益增强的健身锻炼需求。

二、场地概况

　　本项目位于顺德新城南城水轴片区中，西起碧桂路，东接容桂水道，南侧为德民路东沿线，北侧为桂畔海，是南城水轴片区"两轴、两带、多节点，水秀花香、绿网蓝脉相连"景观格局中的"两轴"之一——桂畔海生态景观轴，地理位置十分重要。公园用地夹在德民路东沿线与桂畔海南侧之间，呈狭长带状，东西向约2km，南北向较窄，从水边到德民路一侧的用地红线距离平均在80m，最窄处不到10m，最宽处大约180m。公园面积约为42万m²（含20.6万m²桂畔海水域），另外南侧还有3.8万m²规划用地临时景观设计。

　　场地内有一条约2m东西向贯穿的堤顶土路，西侧有旧闸区以及周边的现状建筑，东端是水利所

现状用地。现状主要是鱼塘，堤岸坡度较陡，水面与堤顶路高差2～4m，滨水的自然风光很优美，但也显得景观元素太单一，缺少人活动的空间。德民路东延和德胜东路沿线都有大量商业居住等用地，桂畔海对面还有规划的大学城等科研教育用地。周边将来肯定是重要的城市新兴繁华区域，公园环境品质直接对周边片区日后的发展有很重要的影响。

三、设计理念

　　根据现状用地及规划用地分析，用地本身是一个生态湿地，从规划上看未来将是城市繁华区，人口密度大。而目前人们越来越注重健身运动，追求健康自然的生活方式，因此设计将公园定位为"自然生态、运动时尚"滨水景观绿带，以河流水系、改造后的鱼塘水景及绿化作为绿色基调，形成生态、自然的整体滨河景观，将运动要素穿插于自然生态之中，考虑不同类型活动，吸引各类人群，增加地区人气，提升地块价值，增强城市活力。通过项目形成一条城市生态体育轴，也间接地推动一种健康的生活理念，展现顺德时尚前沿的城市精神。

四、整体布局及分区设计

　　公园内以蜿蜒贯通的水体形成自然流畅的总体空间效应，围绕水体和园路穿插安排各种活动场地。活动场地和自然基底之间形成一种多边界镶嵌的关系，场地更好地融入自然环境，人们健身活动的同时也能更深入地体会自然之美。

　　根据场地的现状特点及周边规划用地性质，从西到东依次分为滨水商业区、生态体育运动区、公共休闲区及水利文化区（图1）。

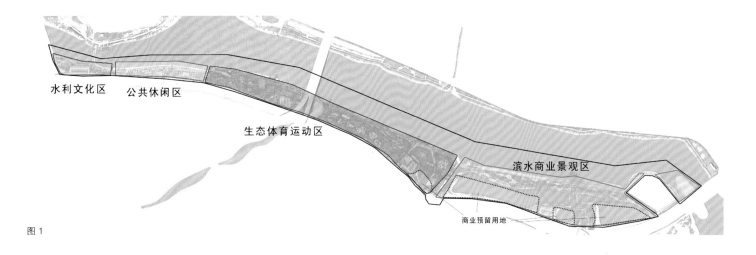

图1

（一）滨水商业区

滨水商业区是公园最东侧的一段用地，南侧紧邻规划的商业用地和部分金融交通用地，现状是大片的桑基水塘，是用地范围内生态水乡风景最具有代表性的地段。因此从保留和传承以及更绿色的理念出发，以现有的水潭为中心，沿水岸边缘设置跑道、栈桥，形成一个自然开阔的滨水漫步休憩区，留待日后商业用地开发之后，参考国内一些成功的滨水商业模式，进一步挖掘水景的商业价值同时又保留它的人文和生态价值。临近桂畔海一侧的河边缓坡设置了一处码头及一个层叠式花台，种植彩色地被和花卉丰富河岸的色彩，也是给河对岸提供一个鲜亮的观赏点。码头可以开展一些传统的赛艇或者划船等体育项目，也是一个观赏桂畔海两侧河面风光的观景点（图2）。

图2

（二）生态体育运动区

生态体育运动区是整个公园的核心主题区，占地也最大，蜿蜒的自由式水体是区段平面的中心，围绕着水体，交织镶嵌着各类运动场地及栈桥、步道、广场等（图3）。运动场地根据不同的运动性质和受众的年龄又分成了两部分，以现状的水闸位置为分界，水闸以东是时尚运动区，以西是球类运动区。时尚运动区分布有拓展基地、绿岛迷踪、模型赛车广场、街舞广场、轮滑广场及3个休闲健身广场。

拓展基地由大片草地和聚合广场组成，配合各种拓展设施，是野营、拓展活动场地。绿岛迷踪是分别在水面中间的两个由栈桥相连的小岛，岛上用绿篱围合出迷宫般的路径，也是一个面向青少年的趣味活动场地。模型赛车广场则是一个专门针对模型车爱好者的场地，中央是一个完全仿真的微型赛车场地，供各种模型赛车活动，赛场周边有护栏座椅，吸引大家观看赛车活动。街舞广场及轮滑广场都是针对特定运动人群的，同时又兼顾观赏性。在

图3

这几个广场之间是一些栈桥、步道及健身休闲广场，这样既保证这一段的运动空间具有一定的主题性，又兼顾了活动的多样性。

西侧的球类活动场地主要有篮球场、羽毛球场及乒乓球场，还穿插一个水上花园（图4）。球类运动区主要以高强度的运动为主，面向青壮年，属于运动强度较高的类型。

生态体育区的分布充分考虑了各个年龄段人群的不同需求，对相近的运动类型采用集中布置、适

图1　分区图
图2　滨水商业区
图3　生态体育运动区

图4

图5

图6

当混合的原则,既有利于人群的合理分类又兼顾了各年龄段的混合。设计注重适用人群和运动类型的多样性,因为主题性可以增强场所感,而多样性可以增加人气,增强场所的活力,如表1所示。

(三)公共休闲区

公共休闲区以相对静态的运动形式为主,主要为公园沿线居民提供一个休闲静坐及日常交流的活动场所,同时照顾儿童和老人的日常活动需求。这个区段宽度变窄,最宽处只有20m,所以这一片空间以小广场和疏林草地为主,高大的乔木搭配草皮地被,使空间通透,更可以将桂畔海的水景渗透进入公园,甚至引入人行道。活动场地中设置了儿童游戏场所和两块开心农场。现在由于八零后开始步入生育年龄,一波婴儿潮来临,她(他)们会逐渐成为户外互动的主角,儿童的活动场地更加重要。儿童互动场地布置在场地中间,周围是休息座椅,方便看护及看护人的休憩(图5)。

(四)水利文化区

水利文化区是公园最西侧的一块用地,基本宽度在10m左右,场地内有一个已经废弃的旧水闸,设计通过对水闸进行修旧如旧的改造,赋予它全新的内涵,成为场地记忆与水利文化知识的传播载体(图6)。

五、结语

体育公园是人们日常休闲运动的重要场所,是一个城市整体面貌和文化内涵的展现,所以体育公园的景观规划,要尝试挖掘地方特色的文化,并融入规划设计细节,最终达到突出地方体育公园文化异质性的目的。在顺德,体育公园与城市滨水空间的有机结合,更进一步促进了体育公园的品质,将风景优美的滨水空间和各类运动设施合理结合,使人们在健身锻炼的同时得到自然美的享受,同时也更促进了群众体育事业的发展,使人们的生活方式和生活理念朝着更合理更健康的方向发展。

生态运动区功能分析表　　　　　表1

	活动类型	主要人群结构	兼容性	动静
拓展基地	拓展、野营、烧烤、科普	全部	中	动
绿岛迷宫	走迷宫、寻宝活动	全部	中	动静动
休闲广场	垂钓、器械、舞蹈等	全部	高	动
儿童模型赛车	模型赛车	少、青	中	静动
街舞广场	街舞、涂鸦、	少、青	中	动
轮滑广场	轮滑、滑板、跑酷	少、青	中	动
篮球场	篮球	少、青、中	低	动
羽毛球场	羽毛球	少、青、中	中	动
乒乓球场	乒乓球	少、青、中	高	动
水上乐园	散步、静坐	全部	高	静

图4　水上花园
图5　公共休闲区
图6　旧闸改造示意

白城市生态新城区滨水景观体系规划及重点区域景观设计

中国城市建设研究院有限公司风景园林专业院／李慧生　邱亚鹏

景观环境是近年众说纷纭的时尚课题，一说源自19世纪的欧美，一说则追记到古代的中国，当前的景观环境，属多学科竞技并正在演绎的事物。

一、背景与概况

（一）项目背景

白城市位于吉林省西北部，嫩江平原西部，科尔沁草原东部。白城生态新城区位于白城老城区、经济开发区和工业园区的连接地带，基地面积约为 25 km² （图 1）。

2012 年下半年，我院与白城市新区政府签订了白城市生态新城区景观工程的项目合同，合同内容包括新城中心区 10 km² 范围内的公园、河道等多个景观建设项目。目前虽然新城中心区已经完成了控制性详细规划及城市设计的工作，但依然缺乏一个整体性和控制性的景观体系文件来指导具体的景观建设工作。

因此，这样一个全局性的、系统性的，自上而下的景观体系规划，对一个新城的景观建设及其未来的城市发展、形象树立、生态和谐等方面，都有着非常重要的作用和意义。

（二）基地概况

新城区以"风生水起、鹤舞绿城"为愿景，是一个集市级行政办公、商务商业、体育文化、居住游憩、商贸物流等多种功能为一体的生态新城区。由一个中心区和两个复合功能片区组成，三区之间的景观绿核为城市生态公园（图 2）。中心区主要承担基础设施建设、政务中心、市民服务中心、接待中心、博物馆、会展馆、城市规划馆及城市综合体，教育、卫生设施，商住、金融服务等功能。新城中心区不仅仅是白城新城区的区域中心，也将担起白城市经济、政治、文化等整个体系的中心功能。

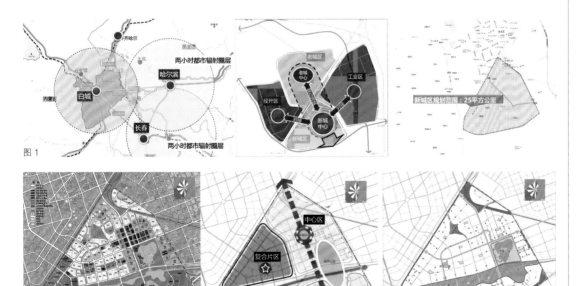

图 1　项目区位图
图 2　新城土地利用规划及空间布局

"流水不腐，户枢不蠹"，"引嫩入白"工程保障了白城新城区的生态环境。新区内引水筑城，洮儿河干渠贯穿东西，将水引入城区，通过河道景观、城市湿地、滨水生态公园的建设，实现绿色、人文、环保、科技、自然的和谐，体现白城风光贵在原始、美在自然的特点。

二、整体规划思路及框架

此次水系及滨水景观体系规划着眼于新城25km²的范围，在对项目背景、基地条件、上位规划等进行综合分析的基础上，从区域研究的角度对新区内的水系及其滨水景观进行有效梳理，构建新城区水系景观框架，同时针对具体的建设项目，从概念规划及方案设计的角度对行政中心、鹤鸣湖公园、军事主题园以及洮儿河干渠等重要的滨水景观节点进行详细设计（图3）。

（一）整体规划思路

新区以生态安全、人文风物、社会民生及未来发展作为规划要点，在保证城市防洪、蓄洪、调洪

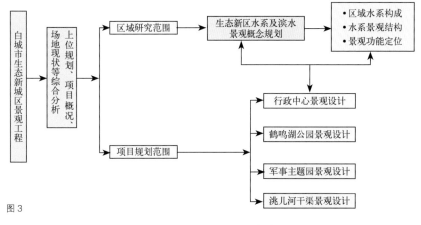

图3

图4

的基础上，统筹协调滨水区域与周边城市用地关系，在满足市民滨水休闲生活需求的同时着力体现城市的地方人文特色。

水系景观规划遵循"因势利导、引嫩入白、引水筑城"的理念，全线贯通洮儿河，鹤鸣湖，规划一河、三河及四河，形成"三纵、三横"的基本水系结构。并在此基础上进一步区分和强化沿线滨水景观的类型和特色，明确其不同的功能定位及景观风貌。最终形成以鹤鸣湖公园为绿核、以洮儿河滨水景观为绿带、以中央景观轴为绿脊、以道路及其他滨河景观为绿网，以邻里及沿线片区公园为绿色节点，蓝绿交织的新城滨水景观系统。

（二）目标与愿景

规划以建设现代生态园林城市为根本出发点，将生态保护、文化传承与城市发展相结合，以水为魂、以绿为脉，塑造一个充满活力、魅力、辐射力的滨水生态景观空间。使项目成为展示新区城市特色、景观形象、文化风貌及和谐民生的城市滨水景观空间；成为集休闲游赏、文化活动、商旅服务及生态防护等功能为一体的区域性、复合型的城市滨水景观空间；成为提升周边用地的生态旅游和经济开发价值及城市幸福指数的滨水景观空间（图4）。

三、滨水景观体系构建

（一）区域景观策略

1.筑山引水，构建山水格局

北部筑山为屏，西侧引水入城，构建"背山面水、城水围绕"的新区山水景观骨架，为滨水景观的营造提供良好的景观基底。

2.以水为脉，展开城市舞台

在"三纵、三横"基本水系结构的基础上，以水为景观脉络，沿水打造多样水态和景观风貌的滨水空间，集中展示城市活力与滨水特色，打造城市滨水舞台。

3.强化轴线，打造区域地标

强化新城的山水景观轴线，强化"北山、中庭、南水"的特色景观轴线，同时重点打造环鹤鸣湖周边的区域景观核心和滨水景观地标（图5）。

（二）滨水景观结构及功能定位

在上述三大景观策略的指导下，形成一心统领、一轴贯穿、一脉相连、一带环绕"四个一"的滨水景观结构（图6）。

1. 一心统领

城市水心——鹤鸣湖滨水生态公园，新城区的核心滨水景观节点，城市综合性公园，集中展示城市大型滨水绿地的景观风貌和活力。

2. 一轴贯穿

以规划三河、四河、行政中心、鹤鸣湖、军事文化园形成南北贯穿的城市中心水景轴，也是城市景观发展轴，集中展示和体验城市湿地文化和滨水休闲生活。

3. 一脉相连

城市生态水脉，以洮儿河为主线，构建滨水绿色生态廊道，提供多样滨水休闲活动，集中展示和体验山水田园、生态低碳的城市绿色滨水空间。

4. 一带环绕

滨水生活带，以规划一河为主线，水路并行，串联居住区、商业和行政片区，节点局部扩大，丰富滨水景观空间。集中打造居民日常休闲和慢行体验的滨水交通廊道。

（三）核心景观区域营造

一轴贯穿南北的城市山水景观轴和一脉东西相连的城市生态水脉，形成了新城的"十字形核心景观区域"，构建出"山、庭、湖、园、河"相互交融的景观格局，"河、渠—塘、湾—洲、岛—湿地、湖泊"逐渐过渡的丰富水态以及与白城地域特征相吻合的"山地、草原、湖泊、湿地、森林"景观风貌（图7）。

1. 山——北部山林公园——山地

构建以自然山林风景为主的山地公园，密林和疏林草地相结合，营造城市山林的意境，设置特色健身道、观景平台、山林氧吧、茶室等内容和设施。有效屏蔽铁路干扰的同时，满足自然生态及景观游赏要求。

2. 庭——新区行政中心——草原

背山面水，简洁的空间布局、对称的轴线关系、鲜明的城市标志，新区行政中心景观以开敞整洁的草地、规整的树阵、林地为景观要素，烘托出建筑的宏伟与庄严，营造出高效廉洁、庄严稳重同时又自然和谐、亲人宜人的景观氛围。

3. 湖——鹤鸣湖生态公园——湖泊

新区核心位置上的最大、最集中的公共滨水区域，所有景观环绕中心大湖面展开，以开敞的湖区、自然的岛屿、舒朗的林地为主要景观风貌，是集满足城市商业休闲、市民滨水游憩活动、文化娱乐活动以及城市风貌展示等多种功能为一体的综合性新区市民公园。

4. 园——军事主题公园——湿地

以城市人工湿地环境为依托，集中展示白城市的军事文化、户外休闲运动、拓展训练、湿地体验、

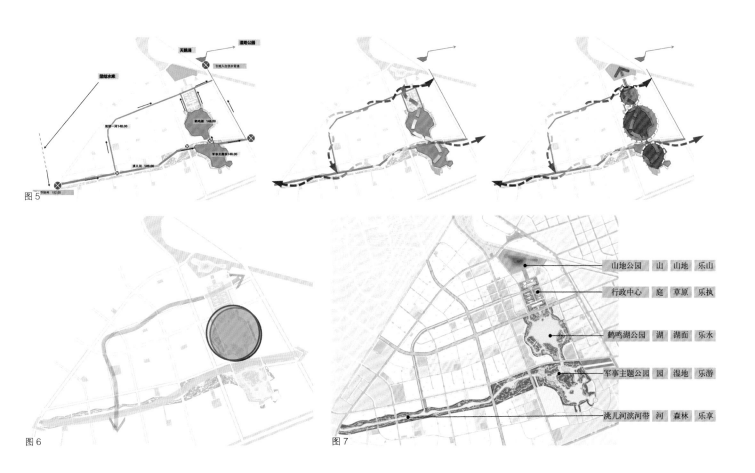

图5

图6

图7

科普游憩等内容的军事主题公园。沟涧、溪流、岛屿、草滩等相间分布，形成"河湖草滩、蒲草苇荡"的生态湿地景观。

5. 河——洮儿河滨水景观带——林地

梳理河道，在保证干渠引水通畅的基础上，沿水堆土植绿，形成连绵起伏的滨水林带，营造城市滨水森林景观，融合城市休闲功能，赋予其康体休闲、生态游览、田园体验等多样功能，打造城市里的绿色生态廊道。

四、鹤鸣湖景观节点设计

（一）景观及功能定位

鹤鸣湖公园位于新区核心位置，是新城最大、最集中的滨水公共绿地。公园规划面积 93 hm²，其中水面面积 54 hm²，所有景观设施沿水而布，是展示新城滨水景观风貌的城市景观会客厅和景观名片（图8）。公园集市民活动、生态休闲、旅游观光、文化娱乐等功能为一体，是城市举行重大节日庆典、文化活动及展示城市生态景观风貌的重要场所，未来将成为新区吸引外来旅游及城市宣传的新亮点。

（二）整体构思

1. 自上而下，优化周边用地，构建场地山水空间

设计结合新区上位规划，在优化原有用地的基础上丰富了景观水态，提升了沿岸的绿地景观功能，沿水岸形成完整的公园绿地。

2. 由外而内，沟通场地内外，明确场地景观布局

公园地处城市核心位置，景观建设与周边用地的衔接十分重要，设计从场地外围地块的用地性质及未来发展方向入手，因地制宜地布设景观功能区块。

3. 由里及表，体现地域特征，强化景观文化内涵

深入挖掘城市地域特征、风物、市井人文等场地内在特质及文化内涵，整理提炼后，以景观化的手法，巧妙地加以呈现和表达。

（三）景观格局

全园以自然山水为基本骨架，围绕中心湖区形成"一湖三岛、一心三带"的基本景观格局（图9）。沿水岸形成城市庆典广场、滨水健身活动、滨水休闲游赏、湿地科普游赏、湖心生态岛、市府花园岛、商业文化体验岛共计7个不同功能的景观板块，为市民创造公共环境和个性化的活动空间。

1. 一湖三岛

（1）一湖

鹤鸣湖，水态取形双鹤引颈，进过演绎优化后形成一湖三岛的湖体水态（图10）。

（2）水街商业文化岛

位于湖区西侧，结合一侧商业用地，建设休闲茶座、特色餐饮、水榭、棋舍等商业景观建筑，形成集商旅服务、艺术展示、文化体验功能为一体的水街商业文化岛。岛上临湖一侧建设滨水广场，为今后大型景观塔的建设预留景观用地。

（3）湖心生态岛

以生态林地为依托，结合南侧的湿地，开展各种野营、科普活动，打造青少年户外科普教育示范基地。岛上密植色叶树和常绿树种，春夏水林氤氲、

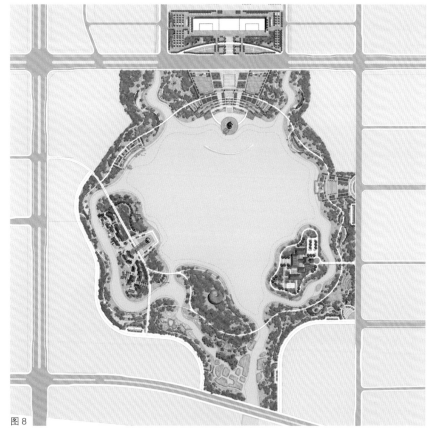

图8

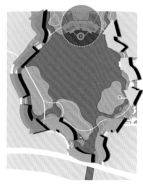
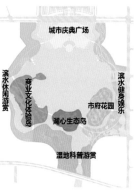

图9

草木繁盛；秋季红叶缤纷，隔水远眺，仿佛丹顶鹤冠上的一抹红；冬季松柏苍翠战严寒。岛上拟建一生态科普馆，内设植物温室、小型动物园及各种多媒体互动展示及活动室，为冬季的白城提供一个可游、可观、可娱、可体验的科普活动场所。

（4）市府花园岛

规划为一座低密度花园式宾馆，建筑掩映在林木之中，提供住宿、会议接待等基本服务功能。

2．一心三带

环绕湖区，形成以北侧城市庆典广场为中心，三条不同景观风貌和功能的滨水游赏带（图11）。

（1）一心——城市庆典广场

位于公园最北端，与政府行政中心南北遥相呼应，是一个集庆典、集会、观演、休闲游憩功能为一体的万人活动广场。广场的设计突出地域文化性、市民参与性及景观互动性，主要包括入口丰收广场、儿童戏水广场、二十四节气林荫广场、四季景观浮雕墙、市井风物雕塑园、祈福台、葵花舞台、鹤舞绿洲景观雕塑及互动式音乐喷泉等内容（图12）。其设计主题取意于乾隆题字碑文"云飞鹤舞，绿野仙踪。福兴圣地，瑞鼓祥钟"。着力增加"风物、气候、市井民生"等区域文化主题元素，力求通过现代的设计语言，营造出喜庆、祥和、繁荣、和谐的城市景观氛围。

（2）滨水健身娱乐带

位于庆典广场东侧，依托疏林地，营造儿童游戏、健身活动、小型观演、艺术沙龙、游船活动等多种滨水游憩、娱乐活动。沿步道种植特色花境，布设座椅、廊架等休息设施。公园的次入口广场，以"风"为景观主题，通过"风铃"、"风帆"等景观元素，着力体现风在景观设计中的运用和表达（图13）。公园东入口的"鹤舞"广场，以舞动的仙鹤为形态表达，向南北两侧形成流线形的场地布局，犹如仙鹤挥舞着的翅膀。集中开展各种户外健身、娱乐活动。

（3）生态湿地游赏带

湖区南侧的近水口处，营造湿地生境，既可净化水质，又可作为与南侧的军事主题园湿地大环境的衔接与过渡。湿地景观的营造以白城常见和特有的湿地类型为模本，营造湿地泡沼、浅滩、苇塘等不同类型的湿地景观（图14）。

（4）滨水休闲游赏带

位于湖区西侧，腹地较窄。以植物景观营造为主，结合疏林地沿路营造特色花境，近岸处留出开敞水岸线，适当点缀水生植物，营造出简洁、舒朗的滨水景观氛围。沿水岸布设游步道、平台、码头等滨水游憩设施。公园的主码头设有管理用房、售

图10

图11

图12

图13

图14

图 15　游船码头
图 16　鹤鸣湖公园全园鸟瞰

图 15

图 16

买处、设施维护间等管理服务建筑。设置观光游艇和自划船两个不同类型的停靠码头（图 15）。近水平台上设置有景观廊架及休息座椅。以"风"为景观设计主题，流线形的廊架模拟风吹水面形成的波浪，高高的"风车"，兼具功能性、景观性和文化性，转动的风车通过风力发电既可用于景观灯柱，也可为停靠的游船提供电力。体现了"风"的景观主题和景观化应用。

五．结语与展望

目前鹤鸣湖公园景观项目正在实施建设中（图 16），新城区的水系及滨水景观体系规划，从景观上位规划的角度，提纲挈领地对新城的滨水景观进行了构建和描述，为新区的城市滨水景观建设理清了基本思路，构建了基本框架并提供了建设和实施指导准则。

项目组成员名单
项目负责人：邱亚鹏　李慧生
项目参加人：王　熊　郎　婧　赵彩君　尹端星
　　　　　　滕依辰　胡令武　毕　婧　郝　嘉
　　　　　　王志娟　康　帅　姚　馨　李永明
　　　　　　叶保润　王永利　刘　欢

历史文化街区的保护与有机更新

——杭州清河坊街区整治的设计实践

中国美术学院风景建筑设计研究院／马少军

清河坊历史街区位于杭州市城区吴山脚下，南宋皇城遗址北面，是杭州古城风貌保存较完整的地区，也是杭州市现存的为数不多的保存完整的传统老街和传统古巷，其丰富而深厚的历史文化底蕴和独特而多彩的人文内涵以及货真价实的历史风貌使它在我国历史街区中独树一帜。清河坊历史街区的有机更新就是在延续这一地区的环境特色和文化特征基础上，满足现代生活的需求，逐步形成具有浓郁传统气息的文化、商业及游览街区。

一、街区格局的演变和现状研究

清河坊历史街区是杭州古城仅存的源头，早在 1400 年前的隋朝置州时就是州治、县治所在地。自唐朝筑罗城、浚西湖、凿水井、御海潮伊始，至南宋绍兴八年（公元 1138 年）定都临安（杭州），筑九里皇城开十里天街，成为杭州市发展史上的鼎盛时期。此地冠盖如云，车马如流，衙署、府第、家庙、私宅鳞次栉比，皇亲国戚、宗室子弟、权贵内侍争相涉足，使之成为"一色楼台三十里"的集中点和起点，元代词人萨都剌曾以"市声到海迷红雾，花气涨天成彩云。一代繁华如昨日，御街灯火月纷纷"的诗句赞美清河坊一带的盛况。

街区的基本格局在南宋后形成，其三面环河——中河、涌金河（今惠民路）、运司河（今劳动路）——故名清河坊。南宋时的坊巷对应现状道路为：清平坊——打铜巷，吴山坊——大井巷，大隐坊——环翠楼，安荣坊——安荣巷，保民坊——吴山。自南宋以来，坊门拆除，坊更名为街巷，其街道格局基本未变。民国初年官巷口大火后，中山路和河坊街拓建成可通车的马路，沿街新建了一批西式洋楼。新中国成立后，由于杭州城市建设中心北移，河坊街区一直未进行大规模改造，其街区的

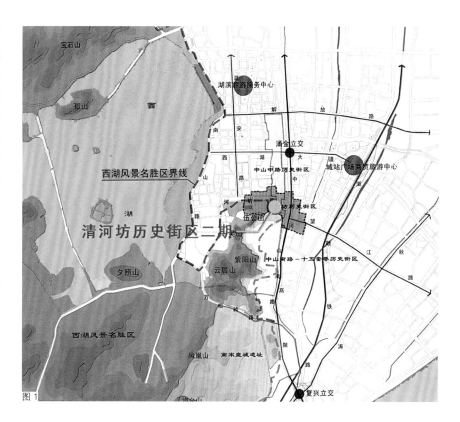

图 1

格局、建筑大部分都保持着清末民初马车时代的规模、尺度和风貌。

（一）用地性质和人口规模

清河坊历史上就是商业街区，其临街建筑在建造时一般为"前街后坊"和"上居下铺"，现状用地主要为居住用地、公共设施用地和工业用地，其所占比例分别为 23.73%、40.65%、5.69%。现有住户主要分 3 类：一是私房的产权拥有人及后代，二是公房的承租人及后代，三是部分住户将房屋出租给外来人从事商业或居住。区域内人口密度 159 人 /hm²，一院多户的情况较多，人口密度极大。

图 1 区域位置图

技术经济指标	
总用地面积	64360 m²
建筑总面积	66280 m²（不包括地下车库面积）
建筑占地面积	31000 m²
地下车库面积	3350 m²
绿化面积	17200 m²
道路及铺装面积	16160 m²
建筑密度	0.48
容积率	1.03
绿地率	26.72%

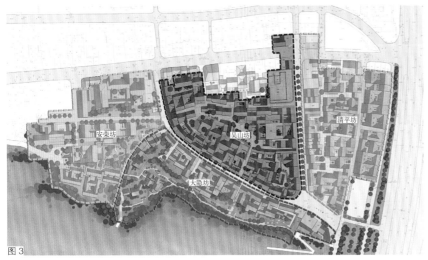

公共交往空间
半公共交往空间
街巷空间
半私密休憩空间

（二）建筑现状分析

1. 建筑风貌

总体建筑风貌是晚清至民国初期的江南城市风貌，各建筑单体风格多变，从中国传统到西洋古典（一层皮），从木构土屋到早期现代主义，从山地民居到街坊石库门，从徽派商铺到江南店坊，琳琅满

目，三条街巷由于商铺性质的不同呈现不同特色。

中山中路是以有实力的商家兴建的西洋风格建筑为主，传统商业街面为铺。

大井巷是以传统院落式作坊型商业建筑为主，穿插部分民居，环翠楼区域为山地民居。

打铜巷是传统手工作坊狭弄，以城市平民的人居建筑为主。

自20世纪80年代以来，建筑多四五层高，为工业厂房和居住建筑，体量大，颜色鲜艳，但其风格形式与历史街区不相协调。

2. 建筑年代

区域内建筑大致上呈现每隔50年一期的建设周期。

1880年前后的清朝时期，以界区内保留至今的百年老店为代表。

1930年前后的民国时期，中山路与河坊街拓展、新建了一批西洋式建筑。

1980年前后，新建了厂房式建筑、公寓式建筑，层高4～5层，搭建了不少违章建筑，原有的院落内部被无限分隔成一间间住宅。

3. 建筑质量

多数老房子危险残破，木结构、山墙、饰面出现不同程度的残破、脱落，部分建筑倒塌，可修复保存的大体上占30%～40%左右。

4. 百年老店

区域内的百年老店主要创建于清末民初，是中华民族传统文化的瑰宝，店面经营门类齐全，声誉很好，至今仍为人们所追捧。具体有银钱业、百货业、绸庄、布店、南北货、药业、鞋业、茶叶店、剪刀店、饮食店、化妆品、铜器店、木梳店等。如被誉为杭州"五杭"的杭剪、杭线、杭烟、杭粉、杭扇，以及胡庆余堂国药号、朱养心膏药房、方裕和南货店、王老娘康记木梳店、保大参号等等。

（三）环境与基础设施

1. 交通网络

传统商业街区是以步行交通为主的网络结构，人车混行，交通十分混乱。

2. 公用设施

公用设施严重不足，缺乏完善的上下水系统、电力电信系统和消防系统；卫生设施缺少，供电不足，电杆林立，电线老化，漏水、积水现象常见，生活质量差。

3. 园林景观

街区内以大井巷内市级文保单位"钱塘第一泉"最为著名，相传为五代吴越国名僧德韶国师所凿。

图2　总平面图
图3　区块分位图
图4　街巷空间分析图
图5　建筑高度设计图
图6　保护和整治模式图
图7　景观分析图

街区与吴山景区的视线联络被建筑阻隔,山城相映的园林"借景"得不到彰显,院落空间中多为增搭的违章建筑,绿化几近湮灭。

4. 空间结构

街道:大井巷、打铜巷、中山中路具有不同的风貌特征,但由于院落格局一致、尺度体量一致、材料色彩一致,这三组不同风貌的建构十分协调。

巷弄:呈树状盲端状,无贯穿街坊的巷道,组团内空间、小广场和邻里交往空间蜕化为过道。

院落:具有"门"字形和"口"字形两类空间结构。建筑以院落为单元向纵深发展形成墙门,从二进到六进的进深数互相组合,形成丰富的空间。由于人口稠密,院落分解为合院或房,传统的院落空间形态走向没落。

(四)社会生活

作为传统的商业街区,由于商业中心的北移和小农经济基础上的社会结构的解体,其商业氛围逐渐衰落,商业、办公、居住、工厂杂陈。人口结构老龄化,居民收入低下,消费能力减弱,呈现出一定的"贫民窟"化倾向。

社区精神和文化认同感减弱,相应的社区生活凝聚力和归属感下降,生活的组织性的丧失使民间风俗传统失去了构建基础。

二、总体设计目标和定位

清河坊历史街区的有机更新应该是在全球化背景下,针对城市历史保护、旧城复兴和有机更新等问题的经验与思考,深入研究国际上历史保护与旧城复兴的思想实践与方法,重塑杭州地方山水人文的差异性价值观,挖掘和重现南宋故都和千年街坊的诗意气息,保护和再现历史街区差异性的场所氛围,恢复人们对城市的亲熟感和认同感,使振兴的产业形态与延续原生态的市井生活共存共生。

建设集商业服务、休闲观光、生活居住为一体,用地合理、空间紧凑、特色鲜明、景观宜人,充满人性关怀、极富活力的传统商业街区,并以有机更新重现的城市生活魅力可持续地带动旅游发展,使清河坊成为具有唯一性的城市品质生活街区,实现城市区块的全面复兴。

三、全面保护框架下的有机更新

清河坊街区的历史价值不仅仅在于拥有众多的历史建筑,其独具鲜明特色的街巷风貌和空间布局、

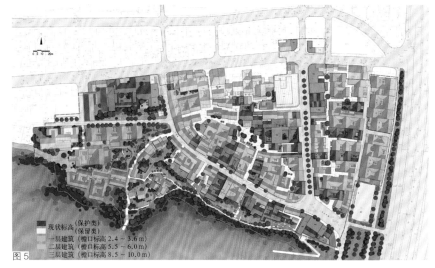

图5

图6

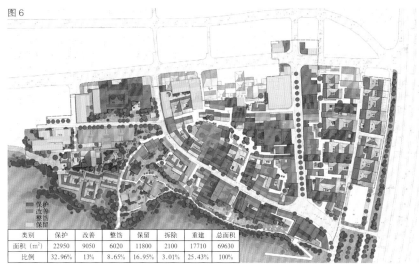

类别	保护	改善	整饬	保留	拆除	重建	总面积
面积(m²)	22950	9050	6020	11800	2100	17710	69630
比例	32.96%	13%	8.65%	16.95%	3.01%	25.43%	100%

图7

悠久丰富的历史文化遗存、互为补充的商业活动与文化活动、传统的民俗文化和历史名人更是其价值体系的重要组成部分。设计在深入调研和《清河坊历史街区保护规划》指导的基础上,从整体统筹和全面保护的角度出发,构建集文保单位、历史建筑、建筑、历史环境、空间环境、非物质文化遗产等为一体的有机更新策略。

车行道
一级人行道
二级人行道
山林步道
登山小径
停车场
自行车停车处

图8

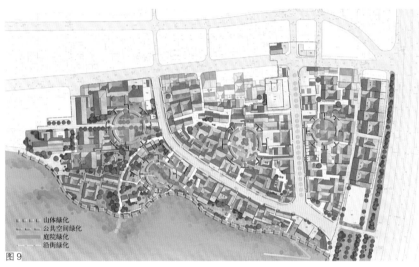

山体绿化
公共空间绿化
庭院绿化
沿街绿化

图9

（一）建筑保护与整体风貌

全面普查街区内的所有建筑，对区域内的文保单位、历史建筑、拟保建筑进行梳理。根据建筑的历史价值、风貌特征、建设年代、建造方式和层高等要素，对建筑进行分类，强调在历史保护与有机更新的总体构架下，提出分类保护措施，将建筑保护与有机更新分成5个层级：

（1）保护——文保建筑，如实保留原状，如实反映历史信息。

（2）改善——历史建筑，严格保留原有建筑结构，建筑功能按使用要求可以进行置换。

（3）整饬——砖混结构，尺度大、高度高、风貌差的建筑，采用立面整饬、降低层高等措施。

（4）拆除——现代建筑和违章搭建的建筑。

（5）重建——在拆除的基础上，按街区肌理重建，体现街区传统特色风貌。

通过对建筑的保护措施，在保护历史建筑的同时保护地方传统建造体系，重建和整饬建筑时应尽可能考虑杭州地方性自然建造材料的使用，以本土建造传统，控制整个街区的整体风貌，使街区具有鲜明的清末民初时期杭州城市风貌特色。

（二）街巷界面控制与街道场所

典型街巷视线所及范围的建筑物，构成了反映清河坊街区历史风貌的主要街景，根据区域内街区格局的演变探微和现状调研，对沿街每幢建筑进行编号、分析、拼合，形成典型街巷立面现状图，并对每幢建筑的色彩、屋面、墙体、门窗及材料、做法、细节等提出修缮、修复、整饬或改造的具体措施，形成典型街道立面。在街巷界面控制上，不强调建筑外部的形式美感和沿街建筑的立面美学，强调传统建筑类型的继承和街道场所空间的对话美学，以达到城市历史街道体系的结构性保护和小场所体系的系统重现。

南宋的"坊巷制"街区以御街（中山中路）为脊骨，鱼骨状联系各坊巷的街巷格局奠定了清河坊的基本城市空间结构。以街巷线形空间为组织特征整合街道空间，既与历史街区现存的传统空间集合类型相协调，又适应现代生活的街区空间集合模式，形成总体上的"街巷体制"模式。这样，盲端状的坊巷得到了疏通和勾连，区块内部的"小场所"得以呈现。传统街巷生动的变化界面特征真实地体现了历史街区的个性，历史街区差异性的场所气氛构成了独特的文化环境，街区中特有的地方性生活原真状态和迷宫般的街巷体系形成了城市魅力。

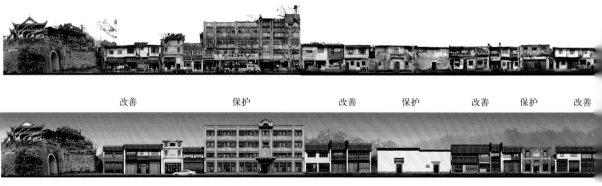

改善　　　保护　　　改善　保护　　改善　保护　　改善

图10

保护　　保护　　保护　　整饬 保护　　改善　　保护　　改善　　保护 东立面现状图

图 11 东立面规划图

图 12

图 13

图 14

图 15

图 16

图 17

南立面现状图

改善　　整饬　　改善　　整饬　　保留　　保护　　保留

南立面规划图

图 8　交通分析图
图 9　绿化分布图
图 10　大井巷立面图
图 11　中山中路立面图
图 12　垂直立化
图 13　大井巷
图 14　街巷空间
图 15　街巷转角
图 16　口袋公园
图 17　鸟瞰

图 18

图 19

图 20

图 21

图 22

(三) 空间叙事结构

以历史街巷围合而成的街坊地块、重组院落为单元,客观分析清河坊街区历史遗存和空间邻里结构存在的现实拼贴关系,清理街区的空间段落和邻里区块,从点——历史文保建筑、线——街道空间、面——空间肌理形式出发,对街区空间形态进行梳理,以总体上的章回历史关系:南宋—明清—近代—现代,构筑一幅以章回体为结构特征的人文历史和地方生活的时空长卷。按每个单元具有的自身形式特征、叙事内容、空间完整性,将清河坊街区划分为清平坊、吴山坊、安荣坊、大隐坊 4 个空间段落,在充分保护各区块片段自身的空间完整性基础上,通过历史叙事关系和日常生活使其勾连,让街区成为一个完整的、具备生命现象的、和而不同的历史人文复合体,使街区重新焕发出生命的活力。

每个段落分别设出入口与周边街道公共空间相连,段落内部各开辟 500 ～ 1000 m² 的公共交往空间,设置古戏台、广场或景点,形成景观节点。

段落之间,在街巷空间发生转折、收合、导引、过渡等变化剧烈的地方,设街巷节点,如"钱塘第一泉"、"鼓楼广场"等等。

(四) 绿色街坊与生态家园

整体延续与保护清河坊历史街区的历史文脉,从生态节能的角度寻求历史街区的整治模式,寻找一种有效的、经济的、本土的景观生态途径,营造一种真实的人与自然、人与都市和睦相处的生活方式。设计通过"绿色街坊"的营建,达到舒适的自然环境与商业居住的融合,以期最终形成自然生态、经济生态、社会生态的和谐共存。

(1) 将山林引入城市:清河坊街区南缘是杭州吴山、伍公山景区,良好的自然环境构成了街区的外部开放绿地系统,保护和强化外部空间,使山景与街坊互为因借,将山林引入城市,使街景融入自然。

(2) 有效利用传统街巷界面的曲折、进退、收合,营造"口袋公园",通过垂直绿化、宅边绿化和容器绿化形成西湖山水的绿意延伸。

(3) 乡土化、场所化、品质化的植物种植:充分挖掘和强化建筑区植物景观场所化并注重历史感的营造,提升绿色的品质。

(4)"小桥流水"景象的重塑:根据南宋御街(中山中路)上曾有"小河"的历史记忆,提取小河或中山中路上的重大事件,结合水系的恢复,借助景观设计和公共艺术手段,唤起人们对南宋古都的记忆,形成人性化的街区环境,提升商业旅游价值与

图 23

图 24

图 25

图 26

容量，使历史街区的商业、旅游、人居走向融合。

　　（5）街巷地面铺装中地方性自然材料的应用：作为步行商业街区的地面设计，恢复历史上石板铺地的江南"雨巷"格局，采用青色老石板，粗凿面纹理处理，重视细节的诗意创造，达到传统历史街区的亲切宜人感。

项目组成员名单

项目负责人：马少军

建筑专业：刘　丰　郑慧娜　齐　星　蔡晓南
　　　　　　王晓萍　崔秋荣　翁巧莉　王金献
结构专业：张文改　雷健锋　陈　军
设备专业：周　勤　杨　帆　胡庆龙　曹忠华
　　　　　　白福旱　刘　玲

图 23　小桥流水
图 24　新旧建筑对话
图 25　中山中路 1
图 26　中山中路 2

济南名泉保护修复设计

济南园林集团景观设计有限公司／王志楠　刁文妍

图1

吉祥寓意的图案：

并蒂同心　　和合如意

雅致内容图案：

彩绘、砖雕图案——院内的彩绘、砖雕的内容分为两大类：①吉祥寓意内容：如吉祥如意、岁岁平安、福禄寿喜等吉祥寓意的内容，济南地区有用莲花、藕等作为吉祥图案的习俗，也可适当选用，突出地域特色；②雅致内容：如小兴隆街22号、状元院内住户等，对文化内容有一定要求的住户，则增加梅兰竹菊、书香门第等雅致的内容。

图2

世界上有泉水的城市并不多，而泉群之密集、水质之优、历史文化之厚，且为一城百姓共同拥有，唯有济南。然而，时代在变迁，济南这座古城正在经历翻天覆地的变化，留住泉脉，创造特色鲜明的泉城形象，是几代济南人无法割舍的"泉水梦"。

一、现状概况

泉水，是济南永恒的主题。随着老城区的开发建设，填埋泉池、破坏泉脉、污染泉水的情况时有发生，对泉水景观造成了严重的破坏。散落在市井街巷中的泉眼孕育了老济南"泉水人家"的风韵，但却像"遗落的明珠"，淹没在现代化建设的洪流之中，其受到的重视和保护远不及72名泉。

自2012年起，济南园林集团景观设计有限公司有幸参与名泉保护修复工作，承担设计任务，先后完成近80处泉池修复设计，其中50处已施工完毕，30余处正在施工。修复设计在保证居民生活便利的前提下，突出泉水文化，打造了美观实用的泉水景观，重塑老济南"泉水串流街巷民居"的温润古韵。如今，已完工的泉池景观基本达到设计预期效果，住户居民满意度较高，获得了社会各界的一致好评（图1、图2）。

二、设计方案

在名泉保护修复设计中，济南园林集团景观设计有限公司始终坚持以人为本的原则，设计人员多次现场实地踏勘，深入了解老城居民的实际需要，兼顾景观功能与使用功能；坚持修旧如旧的原则，最大限度地恢复泉池原有风貌，重现老济南"家家泉水、户户垂杨"的历史文化风貌；坚持凸显文化的原则，还原历史典故，提炼济南地区常用的莲花、

图 3

图 5

图 4

图 6

藕等吉祥图案，突出老济南地域特色和泉水文化；坚持分类修复的原则，设计人员积极探讨老城区泉池保护修复的方法与模式，将泉池按照所在位置分为院外泉、院内泉两类，针对每一类总结其相似的格局和特征，并探索相应的修复方向，便于大批泉池修复工作的开展。

在泉池修复设计、施工过程中，设计人员多次与住户、主管单位和施工单位沟通交流，针对大门、影壁、图案、墙面、地面、泉口、标示牌等元素总结出一套有效的修复手法。

三、案例节选

（一）华家井

位于启明街 49 号东侧路北的华家井，有着上百年的历史，当年水质清澈，水量充裕，是附近居民的主要饮用水源，所在街巷被称为"水胡同"。

华家井曾一度被填埋，改造前为方形泉池，泉口覆盖简单的铁丝网，四周建有护栏，景观性较差。华家井见证了启明街百年的变迁，作为一处位于公共空间的院外泉，修复设计力图将其延展为一处休闲空间，成为区域性景观亮点。改造后的华家井，去除了原有栏杆，变身为圆形石材泉口，泉口之下 1 m 处加装钢丝网，保证安全并留出方口便于居民取水。泉口上还加装了木质泉盖，中间合页连接，不取水时将井口封盖，保证泉水不受污染（图 3）。

泉口北侧的影壁墙上，"华家井"三个金色的大字闪耀夺目，其下方的"水胡同"壁画，再现了当年的繁忙景象，文化韵味十足（图 4）。泉口周围种植淡竹等植物，并摆放石坐凳，成为一处可供居民赏景、取水、交流的休闲景点（图 5）。

（二）兴隆泉

兴隆泉位于济南传统民居中，泉眼与四合院建筑交相呼应，具有浓厚的老济南特色，对其维修整治工作着重于老济南风貌的保持，展示原汁原味的泉水人家。设计首先对泉池进行有效的保护和装饰，使其成为院落的中心景观（图 6）。考虑到院落整体环境的塑造，设计还对大门及入口部分里面进行修缮，对院内的几处墙体进行美化装饰，赋予其一定的泉水宣传作用和人文内容。通过铺装形式的变化，暗示游览与生活空间的区分，平衡游人观赏与居民生活的关系。

（三）碧玉泉

碧玉泉位于西更道街 2 号，原有泉池呈井形，井壁石砌，泉池常年有水，水质清澈见底，曾是居民主要生活用水来源。位于两栋建筑之间的碧玉泉，改造前泉口周围堆放了很多杂物。修复设计从泉池景观和居民使用两方面考虑，将泉口改造为八边形，塑造传统韵味的泉池景观；为方便居民使用，泉口西侧增加了木质储物柜，将原有生活杂物集中放置。泉池周围采用青石地面，与院内的青砖地面相区别，界定了泉台空间。改造后的碧玉泉，其南侧墙壁上，增加了泉畔挑水的主题壁画，题写"泉水碧绿清如玉"的诗句（图 7），呼应泉名，凸显人文气息。碧玉泉修复设计，充分发掘泉水文化特色，兼顾了景观和使用的双重功能（图 8）。

（四）无名泉（小兴隆街 22 号）

这座小院安静地隐于闹市，泉眼并不出名但主人却爱惜有加，修复设计力图使小院更加温馨舒适（图 9）。泉池修复改变的不仅仅是景观，也改变着住户的生活。院主人在享受惬意泉水生活的同时，还会为来访的游客热心讲解泉水的故事、济南的故事。

（五）神庭泉

神庭泉地处一座极具老城区特色的大杂院，泉水在角落里安静地翻涌着，没有人关注。修复设计将暗八仙的图案置于墙上，希望把这个被人忽视的角落打造成充满生机的园林"神龛"。改造后的神庭泉，居民们自发在这里养鱼种花，珍惜泉水的这份灵动，也许天上的神仙看到也会"有心常作济南人"（图 10）。

（六）南芙蓉泉

南芙蓉泉位于芙蓉街 132 号，泉池呈方井形，

池壁砖砌，原有砖刻泉名。相传南芙蓉泉已有百年历史，泉水常年不涸，水位不受季节影响，被称为"神泉"。南芙蓉泉所在院落现状经营一家面馆和一家钟表店，泉水受到不明原因的污染，无法再供居民取水使用。

鉴于南芙蓉泉的特殊位置，修复设计充分考虑了泉池与商铺的关系，有效保护泉池，将其打造为院内主景。修复后的南芙蓉泉，恢复方形泉口，加装木质泉盖，保证泉水不受污染。对院内墙体恢复青砖立面，统一更换木质仿古门窗，营造古香古色的景观氛围（图 11）。也许是泉池修复使小院增添了一份宁静，南芙蓉泉修复完成后，院内的面馆随即改为了书屋，为小院更添一份书香气。泉池修复保护的意义或许不仅仅是营造优美的景观环境，更能在一定程度上促进周边旅游业态的整合与更新。

（七）启禄泉

泉池周边原本堆满生活杂物，几乎废弃。院主人有意将小院用作茶室经营，考虑到这一点，修复设计着重营造泉池惬意舒适的环境。改造后，小院变得雅致而富有内涵，碑文、泉池、植物形成了院内的景观亮点。目前院落已经营为茶社，更多的人能够在此品尝到泉水泡茶的清香，感受泉水生活的那份闲适（图 12）。

图 7

图 8

图 9

图 10

图 11　　　　图 12

（八）嘤鸣泉

　　济南泉水来源于市区南部山区，这里也蕴含着众多泉眼，嘤鸣泉就是其中之一。嘤鸣泉位于南部山区的红叶谷景区内，是景区施工过程中发现的泉眼，本身并无多少文化内涵。设计由泉名着手挖掘创造泉水的人文内容，嘤鸣二字出自《诗经·小雅·伐木》，比喻朋友同气相求。设计方案考虑修缮泉池，将泉水引出，增强亲水性，最终流入景区内的绚秋湖中，以扩大泉池的影响范围（图13、图14）；在泉池周围补植苗木，增加景墙（图15）。题刻描述友情的诗句，创造悠远文化意境，为自然优美的景区新增一处文化景点（图16）。

四、结语

　　再没有一座城市，能像济南这样，泉水与城市结合得如此紧密，相濡以沫。泉水，是老城的根、新城的魂，无论社会如何发展，都不应成为城市发展的代价。济南应该利用好泉水这一得天独厚的资源，使泉水保护与城市建设和谐共生，打造"泉水特色标志区"，发展泉水旅游凸显济南"泉城"特色，形成独一无二的城市品牌。

　　希望能有更多人加入到济南泉水保护的队伍中，保护泉脉，传承文化，将泉水文章做大做强，共圆泉水这一济南人的"中国梦"。

项目组成员名单
项目负责人：史承军
项目参加人员：刘　飞　陈朝霞　李海龙　刁文妍
　　　　　　　王志楠　王海涛　王贞斌　刘高扬
　　　　　　　窦　明　徐君健
项目演讲人：王志楠

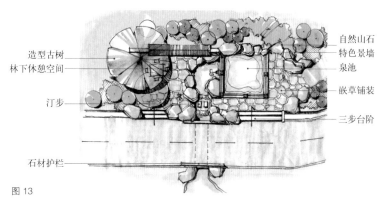

造型古树
林下休憩空间
汀步
石材护栏

自然山石
特色景墙
泉池
嵌草铺装
三步台阶

图 13

图 14

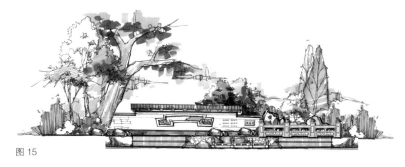

图 15

图 16

广州市萝岗区莲塘古村环境改造设计

棕榈园林股份有限公司　棕榈设计有限公司／张文英

一、项目综述

广州市萝岗区莲塘村名村环境改造工程（莲塘名村中心区水环境及景观工程和中心区村容村貌整饰与管网设计），是贯彻广州市"美丽乡村"建设（14个市级示范点之一）和"三旧"改造的首批示范点。本项目从规划至实施，进展顺利，目前已基本完工。实施效果得到了社会各界的一致好评，当地村民高度认可，并且在省市领导的多次视察参观中，给予较高的评价。

|风景园林师|
Landscape Architects

二、项目背景

莲塘之"莲"，源远流长，萝岗区莲塘村建村距今已有 700 多年历史，是华南地区第一大姓陈氏族人从珠玑巷南迁的居住村落，古村落面积近 2 万 m²，村内历史建筑众多，现仍保留有村头的镇南楼，村尾的镇北楼（两座楼为防盗之用，均被毁，仅留地

图1

基）；村东有陈彦约墓，陈彦约是宋朝陈姓入粤始祖之一；村中建有时四陈公祠、鸿佑家塾、罗祖家塾、小堂家塾、季昌书室和多间古商铺等清代建筑，其中"时四陈公祠"建于清代光绪年间，其历史与著名的广州陈家祠相当，古巷五条，分别为：荣华里、人和里、中和里、平安里、长安里，极具岭南风格。此外村中还保留有榕树等古树。

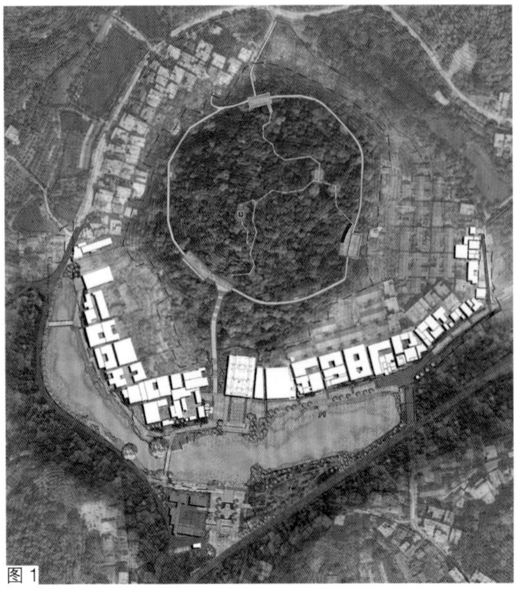

三、区位优势日益明显

莲塘村位于广州市萝岗区西北面，东距中新知识城 5 km，南距帽峰山 4 km。九龙公路在村中通过，总面积 7.8 km²。中新知识城周边的地铁公交以及其他公共服务设施将逐渐完善，依靠由帽峰山和知识城构成的空间格局，莲塘村的区位优势日渐明显。

四、环境格局完美，生态良好

莲塘村绕玄武山而建，负阴抱阳，采用梳式布局。祠堂背靠玄武山，前设水塘。玄武山与案山相连成通廊轴线，前有左辅右弼相依。莲塘人几百年来从不随意砍伐他们的"靠山"——玄武山的一草一木，不盖房侵占祠堂门口的空地，不填环绕村庄的莲花塘，不在以祠堂为轴线的方向上盖房子遮挡祠堂……这既是对土地发自内心的尊重，也是对环境中山水草木的敬畏。

五、设计内容

鉴于现状村落环境渐呈颓势，本项目坚持"保护性开发，地域性创新"的理念，即在改造中，优先注重保护莲塘村具有历史特色的村落环境和风景良好的自然空间格局。同时，在挖掘和继承地域乡土文

图2

化中，以现代的设计语汇和审美要求，去解读乡土，创造符合传统又有局部创新的莲塘村新景观。在具体的设计手法上，遵从以下原则，即乡土风情、传统元素、现代手法、手工痕迹。在设计内容上，弘扬传统民俗文化，搭建戏台和祠堂广场，以便组织民俗展演、巡游和节庆等活动，通过深入挖掘文化内涵如长老会等，突出古村的文化特性，展示具有地方特色的传统手工艺、荷塘采摘、节庆风俗，同时书院祠堂等的原真性文化为古村的旅游增添人文气息。在工程设计上，本项目在旧材料回收利用、石拱桥垒砌构造以及荷塘水质净化措施等方面，进行了研究创新，使乡村生活在优质的自然环境中大放异彩。

　　广州莲塘村改造策划定位以度假旅游、商务旅游、观光旅游为主导产品，康体休闲旅游、文化类旅游为辅助产品。以拓展珠三角旅游市场为主体，以开辟广东省、港澳地区、长三角地区度假市场为导向，积极拓展全国市场。将国内目标市场划分为3个层次：一级市场、二级市场、三级市场。其中广深珠客源市场为一级市场（核心市场）。针对项目现有的景观资源，方案规划了3条主题游线，分别是：乡村生态游览路线、莲主题水上游览路线和古村落民风游览路线，为游客提供乡村与自然的交叠体验。

图3

图4

图5

六、结语

　　本项目的实践具有如下的实际意义：文化价值高的古村落通常同时具有良好的自然风水格局，设计通过深入挖掘自然资源及场所精神，保护珍贵的村落山水格局，为村民提供文化发生的舞台，从而促进乡村自然文化遗产的保护与开发；为来自都市的游客组织乡村生活体验与自然风景体验游线，能有效地传达传统文化与自然资源的保护意义，形成共建发展与保护协调进行的社会集体意识。

项目组成员名单

设计总负责人：张文英

项目负责人：肖星军

项目技术总工：陈爱国

主要参加人员：黄文烨　邵　星　吕兆球　梁丽玲

其他参加人员：苏春燕　何铭谦　郑益毅　梁恺峰
　　　　　　　何晓媚　苏嘉杰　谭健华　黄　颂

图1　整体平面图
图2　整体鸟瞰效果图
图3　负阴抱阳的村落实景图
图4　新建石拱桥实景图
图5　玄武山山道入口与祠堂、
　　　新建戏台

变水位下景观设计的思考

——以佛山市东平新城河堤迎水面景观设计、广州生物岛堤岸工程景观设计为例

广州园林建筑规划设计院／曾庆宜

风景园林工程是理景造园所必备的技术措施和技艺手段。春秋时期的"十年树木"、秦汉时期的"一池三山"即属先贤例证。现代的竖向地形、山石理水、场地路桥、生物工程、水电灯讯气热等工程均是常见的配套措施。

一、引言

城市河道的综合治理工程是一个多专业重叠的领域，包括：规划、水利、交通、城市发展和环境生态等。不仅仅要考虑河道的行洪、排涝、供水、通航需求，还要统筹环境生态、景观营造和市民的使用需求。而在潮汐涨落明显的变水位条件下，堤坝的安全性、景观的稳定性、维护和景效等等矛盾则更为凸显。

本文以我院近年的两个滨水景观项目——佛山市东平新城河堤迎水面景观设计、广州生物岛堤岸工程景观设计为例，提出基于安全性、生态型、景观性、前瞻性的河道景观设计方法，首先阐明变水位下河道的水动力特性、滨河造景对策和河道断面的优化设计策略，重点提出城市河道变水位条件下的河堤迎水面生态维持与城市滨水景观间的模型尝试。希望能给城市河道景观设计提供一定的参考价值。

二、案例介绍

（一）佛山市东平新城河堤迎水面景观设计工程

1. 项目简介

佛山市东平新城河堤迎水面景观设计工程，考虑到平河季节性水位变化大，原堤岸形式削弱了河岸的亲水性，原河堤结构制约了植物品种选择，而高速城市化发展与自然生态景观的冲突日益明显，该项目成为探索解决这一问题的切入点（图1）。

生物岛堤岸景观用地位于珠江治导线与环岛路之间，总规划用地面积为176496 m²，绿地面积112060 m²，绿地率63.49％，生物岛堤岸工程总造价9345.53万元。以景观设计生态优先、满足休闲观光活动的理念为主旨，设计采用了复合式堤岸——多种堤型相互结合、分段实施的模式，把生物岛堤岸建设成一处生态休闲、安全可靠的环岛滨水景观带，在广州地区的珠江河岸建设中尚属首例（图2）。

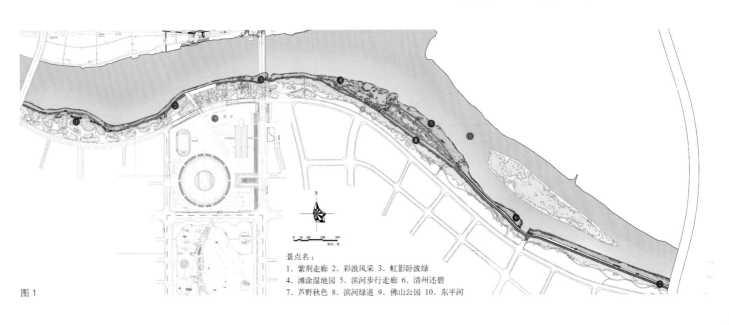

景点名：
1. 紫荆走廊 2. 彩浪风采 3. 虹影卧波绿
4. 滩涂湿地园 5. 滨河步行走廊 6. 清川还碧
7. 芦野秋色 8. 滨河绿道 9. 佛山公园 10. 东平河

图1

2. 变水位景观设计面临的问题

（1）分工割裂，各自为政

此类工程通常是由水利专业和景观专业分头完成，先由水利专业依据水文条件进行护岸、堤防和清淤断面的设计，再由景观专业接手后续景观的营造。这种模式往往造成两个专业各自为政，有分工无协作，事倍功半。

（2）防洪与景观的矛盾

从防洪角度来讲，堤顶越高越安全，抵御洪水的能力越强；然而从城市景观建设来考虑，总是希望缩小堤顶与常水位及市政路之间的高差，也就是希望堤顶越低越好。

（3）水位变化与亲水的矛盾

河流在丰、枯水期，甚至一日之间的潮汐涨落都有很大变化，而滨河景观的重要目标之一就是营造出人与水充分亲近的空间，满足人们的亲水特性。如何构筑符合并满足不同水位的亲水空间，是变水位滨河造景中对我们最大的挑战。

（4）潮水冲刷对景观提出新要求

潮水涨落冲刷对景观的坚固耐用性要求高，往往是潮水来时损失巨大，潮水退后一片狼藉。因此植物选择应把植物的"乡土性"、"适应性"和"景观性"相结合，降低养护成本。

3. 变水位景观的设计方法

（1）水文情况的前期调研

1）水文资料

根据水利部门提供的相关资料，明确河道的非汛期水位、常水位、多年平均洪水期水位、25年一遇水位、50年一遇水位、百年一遇水位等，这是河道景观竖向设计安全性和科学性的基础（图3）。

2）河道的水动力特性

河道水流冲刷深度的预测是设计防护工程结构形式和基础埋深的重要依据。然而，河道的水流特性十分复杂，同一断面的不同区域水流特性不同，水流的冲刷深度也不同。打造亲水平台或亲水广场也会改变河道的水力特性，防护的需求也会变化。河流主槽的平均流速或流速梯度可达河道岸边流速或流速梯度的3～4倍，因而根据水流特性进行分区防护设计是必要的，既可以满足防冲要求又满足了河道景观的需求。此外，原堤岸形态与水流急缓以及堤岸稳定性密切相关（图4）。

3）实地观测

以佛山东平河为例，我们多次进行现场踏勘，对各种设计条件进行深入解读：①佛山东平河水质优良，河道宽敞，季节性水位变化大，日潮汐涨落明显；②原防洪工程堤岸削弱了现代城市河岸应有

的亲水性，制约了植物品种选择，但有部分植物抵御了此不利条件，生长良好；③局部有大片滩涂地，水草丰美，水鸟依恋；④周边城市区域发展迅猛，与自然生态河堤之间产生新的景观、使用需求。这些实地调研的情况都是我们下一步设计的重要依据。

（2）变水位下滨河造景对策

1）安全性

应依据河道的水动力特性，顺应堤岸形态进行设计。对河道景观的形态美观的考虑应建立在这一基础上。

2）景观性

景观的竖向设计应适应水位"沿程"变化的需

图2

图3

图4

图1 佛山市东平新城河堤迎水面总平面图
图2 生物岛堤岸工程总平面图
图3 水位分析
图4 东平河水动力特性分析

求，实现景观效果的最大化。根据不同时期的水位，设定不同高度的平台和活动空间，低层被潮水淹没后，上层平台依旧可以实现亲水。

3）前瞻性

洪水常泛的河道考虑洪水线下不种植名贵且不喜水的植物品种，以减少洪水来临时的经济损失。

（3）景观模型的建立

1）东平新城河堤迎水面采用三级复式断面（图5、图6）以适应水位变化要求

第一级——堤顶消防通道（百年一遇水位以上）：改造成城市绿道，使其与原佛山公园有机结合，酌情开拓如五人足球场、滑板场等活动区域，进行较为丰富的景观设计。

第二级——堤脚线至堤顶区（多年平均洪水期水位以上）：保证行洪断面要求，进行软硬景观结合。分为两种模式：滨水植物带与石笼堤岸模式，形成丰富的台式景观。

第三级——堤脚线至河道以内宽窄绿地（非汛期季节性低水位（1～3月、10～12月）以上）：最大限度保留原植被与水鸟等动物栖息的滩涂地环境，分动静区域进行各类型的湿地景观塑造。

允许潮水淹没至堤岸断面的第二层级，构筑不同水位条件下丰富的亲水空间（图7）。

专项设计方面，结合风光互补照明设备、选用LED光源、利用东平河处理后的水进行浇灌、以低养护成本的植被为主等各种手段，实现绿色节能，满足景观效果的同时尽量减低能耗。

2）广州生物岛堤岸工程中复合式堤岸的应用

生物岛堤岸工程的水位涨落较小，且大部分地块不会被淹没。因此生物岛堤岸工程侧重于因地制宜选用适当的堤岸形式以及堤顶百年一遇水位以上的游步道与绿道的结合。位于生物岛的复合式堤岸包括"直墙式堤型"、"复式堤型"、"多级复式堤型"。

直墙式堤型：堤顶高程以下均采用直墙。具有拆迁量少、占地少的优点。同时堤岸结构对地基承载力要求较高，单位堤段造价也较高。该形式适用于堤岸用地比较紧张或有特别景观要求的地区（图8）。

复式堤型：常水位以下采用直墙，以上采用自然土质绿化斜坡，直墙与斜坡之间可以设平台或连贯的道路。具有造价适中、墙基应力较小的优点，与直墙式堤型相比亲水性更强，绿化面积比较大。该形式的堤岸是生物岛堤岸采用的主要形式（图9）。

多级复式堤型：为复式堤型的发展，用抛石或重力式基础作为堤脚，堤脚以上采用较缓的自然坡或多级平台，并构筑大型亲水平台。优点是堤岸结构简单，既提高了安全性，又改善了景观，而且亲水性强，显得自然、生态，景观效果好（图10）。

3）水位变化下植物的种群适应性

植物在一定水深范围内能够正常生长发育和繁衍的生态学特性称为植物的水深适应性。根据水深适应性可将植物品种分为4个类型：水生植物、湿生植物、中生植物和旱生植物。变化的水位导致植物生境变化大，制约植物的生长，根据我们的经验，现状原有的植物种群能更好地适应环境，在景观设计中应当保留现状乔木，对这些品种多加应用。另外，应依据植物的耐水性进行空间划分，可以在现状植被发育好的堤段进行较为丰富的植物配植，实现景观效果最大化。洪水常泛的河道考虑洪水线下不种植名贵且不喜水的植物品种，以减少洪水来临时的经济损失。

4. 项目总结

佛山市东平新城河堤迎水面景观设计工程，项目投入使用近两年，获得了该市及周边城市各级领导、游客以及市民一致好评。依托其形成的佛山新城滨河景观带被各界誉为"佛山城市升级生态绿化工程典范之作"，成为了佛山新城的地标性景观，成为了真正意义上的新城生态堤岸长廊、新城印象景廊和公共活动绿廊（图11～图15）。

（二）广州生物岛堤岸工程景观设计

生物岛堤岸工程景观设计自2006年初开始规划设计，至2010年底基本完工，历时4年。在工

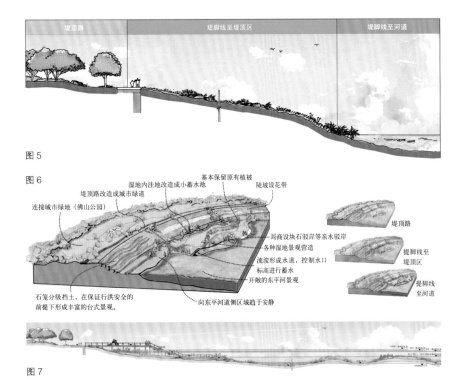

图 5

图 6

图 7

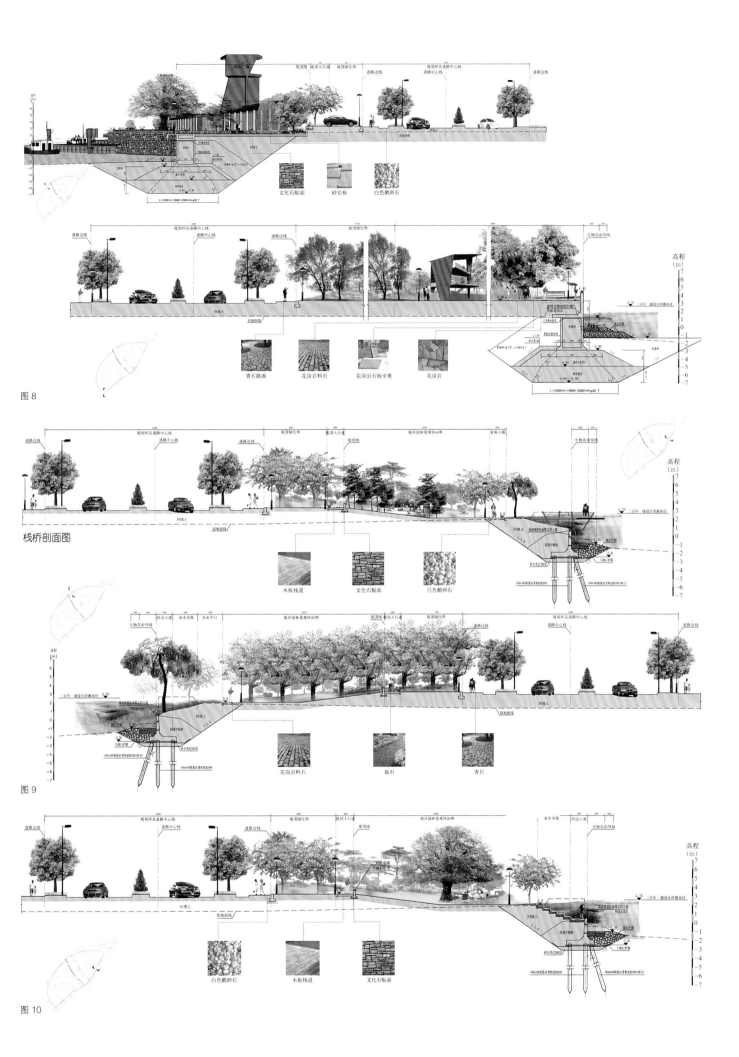

文化石贴面　砂岩板　白色鹅卵石

图8

高程
(m)
7
6
5
4
3
2
1
0
-1
-2
-3
-4
-5
-6
-7

青石路面　花岗岩料石　花岗岩板坐凳　花岗岩

栈桥剖面图

木板栈道　文化石贴面　白色鹅卵石

图9

花岗岩料石　砾石　青石

白色鹅卵石　木板栈道　文化石贴面

图10

程即将竣工之时，生物岛堤岸景观带被选定为广州市的绿道。堤顶路的自行车道、沿河岸设置的滨水活动场地及景观服务建筑较充分地发挥了休闲娱乐的功能，增添少量设施后，生物岛堤岸的景观带顺理成章地转变为城市绿道。投入使用后，成为市民节假日休闲锻炼的去处，受到民众欢迎。第一标段获中国风景园林学会"优秀园林绿化工程奖"金奖，2013年度第二届中国风景园林学会优秀风景园林规划设计奖"一等奖"（图16～图19）。

三、结语

我院本着实事求是、因地制宜的态度，在最大限度保护原有河流生态的前提下，突出以生态湿地景观为基底、以新城印象景观为特色、融合地域文化，满足水利建设、生态保护、休闲游览、旅游观光等多种功能。对变水位下的景观设计，做出了一些思考和尝试，包括变水位景观模型的建立，以及堤顶百年一遇水位以上的游步道与绿道的结合。故撰写此文，抛砖引玉，与诸同行共同交流探讨。

佛山市东平新城河堤迎水面景观设计
项目负责人：马 越
项目参加人：杜 凡 邹思茗 许哲瑶 侯永峰
　　　　　　曾庆宜 田 彤 张丽杰
广州生物岛堤岸工程景观设计
项目负责人：李 青
项目参加人：马 越 谢丽仪 赵晶晶 田 彤
　　　　　　吴梅生 洪 森 李晓雪

图 11　佛山东平迎水面堤顶路景观
图 12　堤角线至堤顶区的夹竹桃花带
图 13　堤角线至堤顶区的石笼梯岸
图 14　利用潮水回灌设计睡莲池
图 15　保留原有滩涂湿地
图 16　生物岛的堤顶路自行车道
图 17　生物岛沿江散步道
图 18　滨江小广场
图 19　保护古树的木平台

北京中关村公园雨洪利用设计与实践

中国城市规划设计研究院风景园林所／吴　雯　韩炳越

一、项目背景

北京中关村公园位于北京市海淀区唐家岭，北邻航天城，南接中关村软件园，东临京新高速公路，地理位置优越（图1）。中关村公园是海淀区平原地区造林工程的重点建设项目，自2012年全市平原地区造林工程开始以来连续三年分期建设，目前已全部建成，总面积158 hm²。公园以"生态、自然、绿色科技"为主题，通过"森林基底、林窗斑块、绿色步道"构建公园结构，建立地带性自然生态系统，营建以近自然林为主体的城市生态绿肺。

二、雨水蓄积与利用目标与策略

（一）雨水蓄积利用目标

中关村公园的建设目标是将雨水资源化，将雨

水利用与公园总体设计相结合，塑造公园景观的同时做到公园的雨水蓄积与利用，充分发挥绿地的生态效益。具体目标如下：

1. 减灾

公园雨水不外排，雨水在公园内自身蓄集消纳，不进入城市管网，减轻雨洪对城市基础设施的压力，减少灾害发生。

2. 资源

强调雨水的资源性，收集雨水，涵养水分，补充地下水。集水湖蓄存的雨水作为公园浇灌绿地的水源储备，做到节约用水。

3. 造景

雨水经过充分下渗后多余部分可以形成雨水湿地景观，丰富公园景观类型。

（二）雨水蓄积与利用策略

在土壤具有良好的通透性，并且径流水质不会

图1　中关村公园总平面图

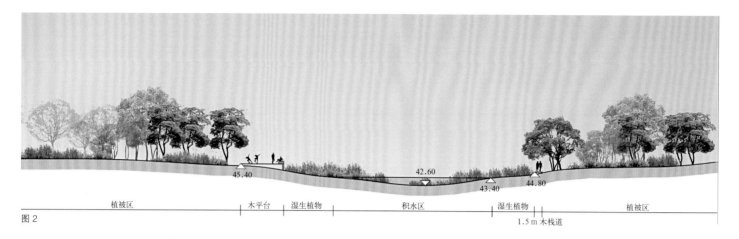

45.40   42.60   43.40   44.80

| 植被区 | 木平台 | 湿生植物 | 积水区 | 湿生植物 | 植被区 |

1.5 m 木栈道

图2

图3

造成地下水污染的情况下，雨水直接入渗地下是雨水管理的重要源头控制策略。相对无污染的雨水径流入渗可以减少地表径流量和径流速率，并能补充地下水。因此，对公园进行整体排水规划设计，利用地形、透水铺装、雨水花园、植物等景观要素，最大限度地收集利用雨水，所收集的雨水先用于回灌地下水，多余雨水用于构造公园水景观。

在设计前充分分析研究公园内现有排水设施、降雨量、土壤条件等客观条件，例如将公园用地中的渣土深埋后堆筑地形实现土方平衡，堆筑地形位置的选择考虑对雨水径流及汇集区域的影响；此外还要考虑起伏地形的坡度、坡长及种植复层群落植物后对雨水流速的影响等。

（三）主要措施

1. 公园地形

合理设计坡度、坡长、变坡，避免暴雨径流速度过大造成地面冲刷。

公园现状用地有大量拆迁渣土，规划设计在渣土不外出及公园内部土方平衡的前提下，堆筑地形时充分考虑坡度、坡长对雨水径流的影响。地面坡度越陡，地表径流的流速越快，对土壤的冲刷侵蚀力就越强。坡面越长，汇集地表径流量越多，冲刷力也越强。最终确定竖向设计中地形坡度控制在

5% ～ 12%，可有效减小地表径流对土壤的冲刷，延缓雨水在地表的停留时间，最大限度地滋润土壤，同时因为地下深埋建筑渣土，更有利于雨水下渗，回补地下水资源（图2～图4）。

2. 分区组织

公园科学分区组织汇水，保证一定的分区汇水面积，避免产生过大径流，以避免对土地的冲刷。

在园区竖向设计过程中对公园地形进行详细勘测，划定公园功能分区，划分汇水区域，并结合周边场地及道路标高统一规划设计公园总体竖向及各区域汇水方案。全园共设计集中的雨水蓄滞区12处，总面积约5.1万 m^2，可有效汇集园内80%的雨水。分区组织汇水虽然没有传统公园设计中的"核心水景区"，但通过合理的组织模式，使雨水在公园中得到高效收集。根据公园总面积及分区汇水面积，项目组模拟计算公园降雨量和降雨后的下渗量及径流量。按重现期一年计算，连续3小时降雨，总降雨量约36万 m^3，下渗量29万 m^3，径流量约7万 m^3，这7万 m^3 水可以短期蓄积在雨水湿地区形成湿地景观。

3. 分级集水

通过营造雨水花园—旱溪—雨水湿地（集水区）形成系列的雨水收集管理，延长暴雨径流汇集时间，减小径流量。

图2 公园局部剖面图
图3 施工中的缓坡地形

图 4

图 5

2012 年 2 月　　　　　2012 年 4 月　　　　　2012 年 6 月

图 6

2013 年 9 月　　　　　　　　　　2012 年 10 月

图 7

图 8

　　根据公园雨水汇集方向、汇水面积及汇水量的估算，合理布置雨水花园的数量、位置与面积。经过计算与暴雨后实地调研，确定单个雨水花园面积 200 ～ 300 m²，相对高差 30 ～ 40 cm，坡度范围 5% ～ 10%。通过地形设计，雨水首先就近汇集与雨水花园，经过土壤渗入地下，若雨水大于土壤入渗能力或短时降雨量较大，则通过暗管或明沟（旱溪）排入雨水湿地（集水区）（图 5 ～ 图 8）。

　　旱溪与城市中常见的硬化排水沟不同，公园内旱溪长度与断面形式多样，根据实际用地条件，在用地宽敞的地方适当放大旱溪面积，并增大相对高差，形成沉淀池，可以沉淀上游来的雨水，降低雨水由于长距离运输而携带的泥沙，完成雨水进入雨水湿地前的初步过滤。

　　雨水量大的情况下，雨水湿地可以汇聚雨水并形成水体景观。雨水湿地作为公园分区集水的集中区，设计深度不超过 1.5 m，单个面积不超过 4000 m²。所有集水区域均不做防渗处理，让土壤充分吸收雨水，补充地下水。雨水湿地种植了大量的湿生植物，通过植物根系和土壤的过滤以后，洁净的雨水渗入地下，不仅解决了雨水排放和过滤的问题，同时还创造了优美的景观环境空间（图 9 ～ 图 11）。

　　4. 透水材料

　　道路、广场、停车场全部为透水铺装，消减径流量，收集雨水资源。

　　公园内道路主要分为 5 m 公园主路、3 m 自行车路及其他支路。主路及自行车路采用透水混凝土进行路面铺筑，支路为透水砂石路面，所有材质均可引导雨水通过面层补给地下水。广场采用砾石面层，级配砂石基层等透水材料铺筑，确保结构层既能承重又能透水。这样在较大雨量来临时，可确保路面干燥，避免地表局部积水，雨水通过面层渗透到地下，既还原了地下水又改善了地下生态环境，有效促进植物生长。停车场使用嵌草铺装，可以减少雨水径流，回补地下水（图 12 ～ 图 14）。

　　5. 复层植物群落

　　积极培育地被及灌木层，构建复层植物群落，

图 9

图 10

图 11

图 12

图 13

图 14

多层次消纳雨水，增加暴雨期径流的汇集时间，减小地表径流，减少水土流失。

　　裸露地面很容易被雨水冲蚀，故将植物与地形进行结合，营造丰富的景观效果，并引导雨水流向，达到丰水期降低园路地表径流和灌溉植物的双重目的。雨水流过长满植物的坡面，减缓了大雨对地面土壤的冲击，减少水土流失，同时雨水通过植物的阻截，有效清除有污染的颗粒物，将有机物质留在

土壤中，为植物提供养分。

　　植物配置主要通过树种的选择和搭配，形成乔、灌、草多层次、立体混交的植物种植群落，打破草坪单一、呆板的色调和格局，提高绿地整体的生态效益。

　　6. 植物优选

　　在雨水花园、旱溪、雨水湿地区域选择喜湿、耐湿的植物品种，有水时形成景观湖体，无水时成为自然湿地，丰富公园景观类型。

雨水花园——枯水期

雨水花园——丰水期
图 15

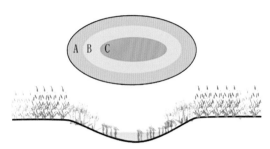

旱生＋湿生植物群落
原则：A、B 植物区域分别选择两种植物混种，并以
一种为主导植物；C 植物区可选择种植一种湿生植物。

图 16

图 17

图 18

中关村公园植物选择上以乡土植物为主。乡土植物具有良好的生态适应能力，设计在雨水花园、旱溪、雨水湿地区域选取既耐水湿又耐干旱的树种，将树木自身需水高峰期和北京地区降雨高峰期相契合，相得益彰（图 15）。

地被植物在减缓雨水流速及储存地表水方面起到非常重要的作用。传统的地被种植方式，在一块区域种植单一品种地被，尤其是春季开花植物，某些种类到了夏季长势较弱，造成土壤裸露，而夏季正是北京降雨集中的时节。中关村公园地被植物设计采用"近自然地被混播模式"，近自然草地与传统草地种植不同，它不单独地以某个空间边界种植单一物种，而是多种草本植物的集合体。品种选择上以宿根花卉为主，兼顾春、夏、秋三季，既能充分覆盖地面，降低雨水径流，也能延长花期丰富公园植物景观（图 16、图 17）。

三、结语

雨水是一种优质的自然资源，污染少，处理简单。园林建设中应将雨水资源的收集和利用与整体绿地景观设计结合在一起，实现雨水的可持续利用。北京中关村公园建设期间遭遇了 2012 年 7 月 21 日暴雨并成功经受考验，公园内雨水没有外排，全部汇集于设计的雨水花园和雨水湿地中，成功由公园自身消纳。大雨过后公园中的雨水花园和雨水湿地也形成了美丽的水景观，体现了设计目标与意图（图 18）。

项目组成员名单
项目主管：贾建中　唐进群
项目负责人：韩炳越
项目参加人员：吴　雯　牛铜钢　郭榕榕　郝　硕
　　　　　　　刘　华　马浩然　张亚楠

图书在版编目(CIP)数据

风景园林师14　中国风景园林规划设计集/中国风景园林学会规划设计委员会等编．—北京：中国建筑工业出版社，2015.4

ISBN 978-7-112-17972-5

Ⅰ．①风…　Ⅱ．①中…　　Ⅲ．①园林设计－中国－图集 Ⅳ．① TU986.2-64

中国版本图书馆 CIP 数据核字（2015）第 060707 号

责任编辑：田启铭　郑淮兵　杜　洁　兰丽婷
责任校对：张　颖　赵　颖

风景园林师 14

中国风景园林规划设计集

中国风景园林学会规划设计委员会
中国风景园林学会信息委员会　编
中国勘察设计协会园林设计分会
*
中国建筑工业出版社出版、发行（北京西郊百万庄）
各地新华书店、建筑书店经销
北京锋尚制版有限公司制版
北京圣彩虹制版印刷技术有限公司印刷
*
开本：880×1230毫米　1/16　印张：11　字数：364千字
2015 年 4 月第一版　2015 年 4 月第一次印刷
定价：99.00元
ISBN 978-7-112-17972-5
　　（27203）